JN090653

連分数

木田雅成 著

近代科学社

大学数学 スポットライト・シリーズ
刊行の辞

　周知のように，数学は古代文明の発生とともに，現実の世界を数量的に明確に捉えるために生まれたと考えられますが，人類の知的好奇心は単なる実用を越えて数学を発展させて行きました．有名なユークリッドの『原論』に見られるとおり，現実的必要性をはるかに離れた幾何学や数論，あるいは無理量の理論がすでに紀元前 300 年頃には展開されていました．

　『原論』から数えても，現在までゆうに 2000 年以上の歳月を経るあいだ，数学は内発的な力に加えて物理学など外部からの刺激をも様々に取り入れて絶え間なく発展し，無数の有用な成果を生み出してきました．そして 21 世紀となった今日，数学と切り離せない数理科学と呼ばれる分野は大きく広がり，数学の活用を求める声も高まっています．しかしながら，もともと数学を学ぶ上ではものごとを明確に理解することが必要であり，本当に理解できたときの喜びも大きいのですが，活用を求めるならばさらにしっかりと数学そのものを理解し，身につけなければなりません．とは言え，発展した現代数学はその基礎もかなり膨大なものになっていて，その全体をただ論理的順序に従って粛々と学んでいくことは初学者にとって負担が大きいことです．

　そこで，このシリーズでは各巻で一つのテーマにスポットライトを当て，深いところまでしっかり扱い，読み終わった読者が確実に，ひとまとまりの結果を理解できたという満足感を得られることを目指します．本シリーズで扱われるテーマは数学系の学部レベルを基本としますが，それらは通常の講義では数回で通過せざるを得ないが重要で珠玉のような定理一つの場合もあれば，ε-δ 論法のような，広い分野の基礎となっている概念であったりします．また，応用に欠かせない数値解析や離散数学，近年の数理科学における話題も幅広く採り上げられます．

本シリーズの外形的な特徴としては，新しい製本方式の採用により本文の余白が従来よりもかなり広くなっていることが挙げられます．この余白を利用して，脚注よりも見やすい形で本文の補足を述べたり，読者が抱くと思われる疑問に答えるコラムなどを挿入して，親しみやすくかつ理解しやすものになるよういろいろと工夫をしていますが，余った部分は読者にメモ欄として利用していただくことも想定しています．

　また，本シリーズの編集幹事は東京理科大学の教員から成り，学内で活発に研究教育活動を展開しているベテランから若手までの幅広く豊富な人材から執筆者を選定し，同一大学の利点を生かして緊密な体制を取っています．

　本シリーズは数学および関連分野の学部教育全体をカバーする教科書群ではありませんが，読者が本シリーズを通じて深く理解する喜びを知り，数学の多方面への広がりに目を向けるきっかけになることを心から願っています．

編集幹事一同

まえがき

連分数とは

$$2 + \cfrac{1}{6 + \cfrac{1}{1 + \cfrac{1}{2 + \cfrac{1}{4 + \cfrac{1}{2}}}}}$$

や，あるいはそれが無限につづく，

$$3 + \cfrac{1}{7 + \cfrac{1}{15 + \cfrac{1}{1 + \cfrac{1}{292 + \cfrac{1}{\ddots}}}}}$$

のような数をいう．このような数の表記は Euclid の互除法から自然に現れるので，非常に古くから知られていたに違いない．ただ場所を取るだけの表現に思われるかもしれないが，実用的には無理数や分母の大きい複雑な有理数を，簡単な有理数で近似するという目的が大きな役割としてあった．例えば連分数展開からえられる円周率 π の近似値 22/7 は中世以前にもすでに使われていたようだ．やがて連分数は系統的に研究されるようになり，この目的に大きな貢献をした．その後，Euler, Legendre, Gauss などの多くの有名な数学者がそれぞれの立場から，この連分数を研究し，無理数の有理数による近似ばかりではなく，無理数の分類，不定方程式の解法などに重要な役割を果たすこと

を明らかにしてきた．特に 2 次無理数とよばれる数の整数論を深く理解するには，この連分数の研究が欠かせない．日本でも江戸時代に和算の世界に「零約術」とよばれる連分数と同等の理論があったようだ．

本書の目的は，連分数の基礎的な理論を大学一年生程度の知識，特に行列の理論を既知として解説することである．高校の数学では扱われない行列を多用するが，必要な行列の理論は巻末の補遺にまとめてあるので，意欲のある高校生なら第 9 節までは予備知識がなくても読めるように書いたつもりである．この第 9 節までが，連分数の基礎的な理論の解説であり，それ以降は発展編として，様々な方向への発展，また派生する問題などをとりあげた節となる．目次のあとに節ごとの依存関係を示した表をつけたので，参考にしてほしい．

連分数を通して，初等整数論への入門となると同時に，群論などの抽象代数学の活用が具体的な問題でもいかに有効であるかを学んでほしいと考えた．特に群の集合への作用は現代の数学でも非常に重要な道具の 1 つであるが，いろいろ実際的な問題に活用してはじめて身につく部分がある．連分数を通じて，群の作用に慣れてほしい．群の作用をはじめ必要な代数学の知識はその都度説明をした．また各節には計算を中心とした問をつけた．巻末には略解も用意したので，内容の確認として取り組んでいただきたい．

ある論文の執筆に第 14 節のマイナス連分数を使ったのが私の連分数との本格的な付き合いの始まりである．高木 [10] やZagier [8] を参考に勉強をしたが，漸化式の変形に基づいた議論は初等的である一方，見通しが悪い．行列を活用すれば議論の透明度が上がる．そのような形で，大分大学でおこなった集中講義がこの本の出発点になっている．講義に熱心に参加してくれた学生諸氏に感謝する*．

連分数の理論自体は整数論の広大な地平から見れば，決して主役とはいえないが，よき脇役として，想像以上にいろいろな応用があり，いろいろな方向に発展があることを感じていただければ幸いである．

2021 年 9 月 コロナ禍の東京にて 著者しるす

* 第 2 刷にあたって，字句の誤りの訂正をおこなった．足立恒雄，中島匠一，青木美穂の諸先生をはじめ，間違い等を指摘してくださったみなさまに感謝いたします．

目　次

本書の各節の関連は次のようになっている．読むときの参考
にしていただきたい．

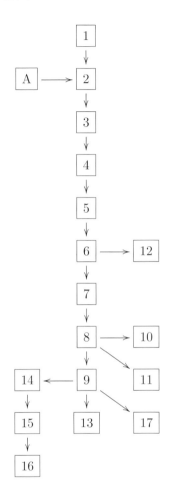

ギリシャ文字

数学ではギリシャ文字が頻繁に使われるので，ここに読み方の表を掲げておく．読み方は日本語の自然科学の分野で一般的に使われるものをあげておいた．

小文字	大文字	対応するローマ字	日本語の読み方
α	A	a	アルファ
β	B	b	ベータ
γ	Γ	g	ガンマ
δ	Δ	d	デルタ
ϵ, ε	E	e	イプシロン，エプシロン
ζ	Z	z	ゼータ
η	H	e	エータ，イータ
θ, ϑ	Θ	th	テータ，シータ
ι	I	i	イオタ
κ	K	k	カッパ
λ	Λ	l	ラムダ
μ	M	m	ミュー
ν	N	n	ニュー
ξ	Ξ	x	クシー，グザイ
o	0	o	オミクロン
π	Π	p	パイ
ρ	P	r	ロー
σ	Σ	s	シグマ
τ	T	t	タウ
υ	Υ	y	ウプシロン，ユプシロン
ϕ, φ	Φ	ph	フィー，ファイ
χ	X	ch	カイ
ψ	Ψ	ps	プシー，プサイ
ω	Ω	o	オメガ

1 ▶ 数の集合および基本的な概念

この節ではこのあとに使われるさまざまな数の集合，および数学の基本的な概念を導入する．

いろいろな数の集合

数学は数と図形の研究に端を発し，現代までに様々な方向に広がり深化をしてきた．そして数学はその起源から数の概念とともに成長してきた．まず，物を数えることから，**自然数**が生まれる．その全体の集合を

$$\mathbb{N} = \{1, 2, 3, \ldots\}$$

と表す．たし算，ひき算を拡張する考えから，必然的に 0 や負の数を考える必要がでてくる．そうして整数全体の集合

$$\mathbb{Z} = \{0, \pm 1, \pm 2, \ldots\}$$

に数の舞台が広がる．この集合の中ではたし算，ひき算が自由にできるだけではなく，かけ算もできる．つまり 2 つの整数をかけ算しても再び整数になる．このようにたし算，その逆演算としてのひき算，それからかけ算が自由にできる集合を現代数学では**環**（かん）という．$\mathbb{Z}$ は**有理整数環**とよばれる．さて，整数係数の一次方程式を解くと，分数，すなわち有理数が必要になる．有理数全体を

$$\mathbb{Q} = \left\{ \frac{a}{b} \mid a, b \in \mathbb{Z}, \ b \neq 0 \right\}$$

で表す．この集合は，たし算，ひき算，かけ算が自由にできるだけではなく，有理数を 0 でない有理数でわり算をしても結果

は有理数になるから，わり算についても閉じている集合である．このような集合を体という．体 $\mathbb{Q}$ を**有理数体**とよぶ．さらに整数係数の 2 次方程式を解くと，$\sqrt{2}$ のような**無理数**が現れる．この無理数がこの本の 1 つの主役である．

無理数を含む実数全体の集合を $\mathbb{R}$ で表す．この集合も体である．$\mathbb{R}$ を**実数体**とよぶ．実数体を有理数体から構成するのはそれほど簡単ではない．実際，現代の解析学の基礎になる実数の概念は 19 世紀の後半以降になって初めてその基礎が確立されたといえる．

この本では次の命題を実数のみたす性質として証明なしで認めることにする．

定理 1.1（上に有界な単調増加数列の収束性）．実数列 $(a_n)_{n=0}^{\infty}$ は単調増加

$$a_0 \leq a_1 \leq \cdots \leq a_n \leq a_{n+1} \leq \cdots$$

であって，上に有界であるとする．すなわち，ある定数 M があって，$a_n \leq M$ がすべての $n \geq 0$ で成り立っているとする．このとき数列 (a_n) はある有限の実数に収束する．

同様に下に有界な単調減少列も収束することが，数列 $(-a_n)_{n=0}^{\infty}$ を考えることによりわかる．

さらに実数解が存在しないような 2 次方程式にも $\sqrt{-1}$ という 2 乗すると -1 になる数を導入することにより，実数の世界がさらに拡張されることを 18 世紀の数学者 Gauss は気が付いていた．本書では主に実数を扱い，複素数は最後の第 17 章にようやく現れるが，記号だけはここで導入しておこう．複素数全体の集合を $\mathbb{C}$ で表す．

$$\mathbb{C} = \{a + b\sqrt{-1} \mid a, b \in \mathbb{R}\}.$$

$\mathbb{C}$ も体であり，**複素数体**とよばれる．

この節で登場した $\mathbb{N}, \mathbb{Z}, \mathbb{Q}, \mathbb{R}, \mathbb{C}$ の記号は今後断りなしに以降の節で用いられる．

R を環または体とするとき，$R[x]$ によって，変数が x で係数が R に属する多項式の全体を表す．$R[x]$ の典型的な元は，0

以上の整数 n を使って

$$f(x) = a_n x^n + a_{n-1} x^{n-1} + \cdots + a_1 x + a_0 \quad (a_0, a_1, \ldots, a_{n-1}, a_n \in R)$$

と表される. 集合 $R[x]$ は多項式のたし算, かけ算によって環になる. これを R 上の**多項式環**とよぶ. 上の $f(x) \in R[x]$ について, $a_n \neq 0$ のとき, f の**次数**は n であるといい, $\deg f = n$ で表す. ただし, すべての係数 $a_0, \ldots, a_n$ が 0 の多項式 (**零多項式**とよぶ) の次数は定めないこととする.

$f(x) \in R[x]$ を零多項式でない多項式とするとき $f(x) = 0$ を $f(x)$ の定める**方程式**といい, $f(\alpha) = 0$ をみたす α を $f(x) = 0$ の**解**という. このとき, α は多項式 $f(x)$ の**根**であるという.

集合と写像

一般的な集合, 写像の用語もここで確認しておく.

- 集合 X, Y について $X \subset Y$ は $X = Y$ も含めた意味で使う. $X - Y$ または $X \backslash Y$ で X から Y の元 (要素) を取り除いた集合 (**差集合**) を表す. $|X|$ で集合 X の**濃度** (元の個数) を表す.

- 集合 X, Y の間の写像 $f : X \to Y$ について, $y = f(x)$ となるとき, $x \mapsto y$ と書く. すべての $y \in Y$ に対して, ある $x \in X$ があって $y = f(x)$ となっているとき, 写像 f は**全射** (上への写像) であるという. また $f(x) = f(x')$ であるときに $x = x'$ が成り立つならば, f は**単射** (1 対 1 の写像) であるという. f が単射かつ全射であるとき, f は**全単射**であるという.

- 「A $\Longrightarrow$ B」は「A ならば B」と読む. さらに「A $\Longleftrightarrow$ B」は「A と B は同値である」の意味である.

- $A := B$ は, 右辺 B で, 左辺 A を定義するという意味で用いる. このことが文脈から明らかなときには単に $A = B$ と書く.

定理 1.1 ですでに使ったが, 数列 $a_0, a_1, \ldots$ を $(a_n)_{n=0}^{\infty}$ と表す. 添字の範囲が明らかなときは (a_n) と略記する.

同値関係

集合 S 上の**二項関係**とは直積集合 $S \times S$ の部分集合 R のことである。$(a, b) \in R$ のとき $a \sim b$ と書く。二項関係 R が次をみたすとき、**同値関係**であるという。

(i) $a \sim a$ （反射律）

(ii) $a \sim b \Longrightarrow b \sim a$ （対称律）

(iii) $a \sim b$ かつ $b \sim c \Longrightarrow a \sim c$ （推移律）

R が同値関係であるとき、$a \in S$ に対して、a と同値な S の元の全体
$$C(a) := \{x \in S \mid x \sim a\}$$
を a を含む**同値類**とよぶ。この同値類に含まれる任意の元を $C(a)$ の**代表元**とよぶ。特に a は $C(a)$ の代表元である。集合 S に同値関係が与えられると、次が成り立つ。

(i) 任意の $a \in S$ はある同値類に含まれる。

(ii) $C(a) = C(b) \iff a \sim b$

(iii) $C(a) \cap C(b) \neq \emptyset \iff C(a) = C(b)$

(iv) S はいくつかの $C(a)$ たちの交わりのない和集合で表される。

問 1.1 上の (i) から (iv) を証明せよ。

(iv) を同値関係 $\sim$ による S の**同値類別**といい、

$$S = \bigsqcup_a C(a)$$

と表す。ここで a は代表元の集合を動く。

一般に集合 X の部分集合 S, T に対し、$X = S \sqcup T$ は $X = S \cup T$ かつ $S \cap T = \emptyset$ であることを表す。

2 ▷ Euclid の互除法

この節では，整数論のもっとも基本的な対象である有理整数環 $\mathbb{Z}$ の性質について調べる．次の命題は既知であろう．

命題 2.1（あまりつき割り算）**．** a を整数，b を正の整数とする．このとき
$$a = bq + r \quad \text{かつ} \quad 0 \le r < b$$
をみたす整数 q, r が一意的に存在する．

q を a を b でわったときの**商**とよび，r を**あまり**とよぶ．例えば $a = -31$ を $b = 4$ でわると，
$$-31 = 4 \cdot (-8) + 1$$
となり商 q は -8，あまり r は 1 となる．

定義 2.2. a, b を 0 でない整数とする．$a = bc$ をみたす整数 c があるとき，『a は b の**倍数**である』とか，『b は a の**約数**である』であるという．この状況を記号 $b \mid a$ で表す[1]．

定義 2.3. a, b を 0 でない整数とする．$d \mid a$ かつ $d \mid b$ をみたす整数 d を a と b の**公約数**という．正の公約数の中で最大のものを**最大公約数**といい (a, b) または $\gcd(a, b)$ で表す．

定義 2.4. 2 つの 0 でない整数 a, b は $(a, b) = 1$ をみたすとき**互いに素**であるという．

c を 0 でない正の整数とするとき，明らかに $(ac, bc) = c \times (a, b)$

[1] 例えば

$2 \mid (-4), \ (-3) \mid 6$

などが成り立つ．英語では b divides a なのでこの順番になると覚えれば良い．

が成り立つ.

定理 2.5 (Euclid の互除法). a, b を正の整数とする. $x_0 = a, x_1 = b$ とおき, さらに $n \geq 1$ に対し,

$$x_{n-1} = x_n a_{n-1} + x_{n+1}, \qquad (2.1)$$

$$0 \leq x_{n+1} < x_n \qquad (2.2)$$

で数列 (x_n) を定義する[2]. このとき, $x_{N+1} = 0$ をみたす自然数 N が存在して

$$x_N = \gcd(a, b)$$

が成り立つ.

2) つまり x_{n-1} を x_n でわったあまりが x_{n+1} である.

証明. まず (2.1) が成り立つとき $(x_{n-1}, x_n) = (x_n, x_{n+1})$ となることを示そう. d を x_{n-1} と x_n の公約数とすると $x_{n+1} = x_{n-1} - x_n a_{n-1}$ より $d \mid x_{n+1}$. よって d は x_n と x_{n+1} の公約数である. 逆に d' を x_n と x_{n+1} の公約数とすると (2.1) から $d' \mid x_{n-1}$ だから d' は x_{n-1} と x_n の公約数でもある. 以上から x_{n-1} と x_n の公約数の集合と x_n と x_{n+1} の公約数の集合は一致する. したがってそれらのうちで最大のものも一致するので, $(x_{n-1}, x_n) = (x_n, x_{n+1})$ がわかる. これを繰り返し使うと

$$(a, b) = (x_0, x_1) = (x_1, x_2) = \cdots$$

がえられる. (2.2) から (x_n) は狭義単調減少な自然数列になるので, 有限回のうちに 0 になる. 例えば $x_{N+1} = 0$ とする. このとき $x_{N-1} = x_N a_{N-1}$ が成り立つので, $(x_{N-1}, x_N) = x_N$. 上とあわせて $\gcd(a, b) = x_N$ がえられる. □

例 2.6. $a = 3243$, $b = 2093$ の最大公約数を Euclid の互除法で求める.

$$3243 = 2093 \cdot 1 + 1150, \qquad 2093 = 1150 \cdot 1 + 943,$$

$$1150 = 943 \cdot 1 + 207, \qquad 943 = 207 \cdot 4 + 115,$$

$$207 = 115 \cdot 1 + 92, \qquad 115 = 92 \cdot 1 + \underline{23},$$

$$92 = 23 \cdot 4 + 0.$$

したがって，$(3243, 2093) = 23$ となる.

　分数の約分を行うときには，分母，分子の因数分解をしなくても，最大公約数がわかればよい．したがって Euclid の互除法を使えば次の問題が解ける.

問 **2.1** $\dfrac{1147}{1333}$ を約分せよ.

定理 **2.7**（拡張された **Euclid の互除法**）．a, b を 0 でない整数とし $d = (a, b)$ とするとき，

$$as + bt = d$$

をみたす整数 s, t が存在する.

証明．(x_n) を a, b から定理 2.5 の Euclid の互除法で決まる数列とする．すべての n に対して

$$x_n = x_0 s + x_1 t = as + bt \tag{2.3}$$

をみたす整数 s, t があることを数学的帰納法で証明する．これがわかれば，特に $x_{N+1} = 0$ であれば $x_N = (a, b)$ が $as + bt$ の形に表されたことになる．$x_0 = x_0 \cdot 1 + x_1 \cdot 0$ および $x_1 = x_0 \cdot 0 + x_1 \cdot 1$ により $n = 0, 1$ については (2.3) が成り立つ．次に $n \geq 1$ とし，$n - 1, n$ のとき成り立つとする．すなわち $x_{n-1} = x_0 s_{n-1} + x_1 t_{n-1}$, $x_n = x_0 s_n + x_1 t_n$ をみたす $s_{n-1}, t_{n-1}, s_n, t_n \in \mathbb{Z}$ が存在すると仮定すると，

$$\begin{aligned}
x_{n+1} &= x_{n-1} - x_n a_{n-1} \\
&= x_0 s_{n-1} + x_1 t_{n-1} - (x_0 s_n + x_1 t_n) a_{n-1} \\
&= x_0 (s_{n-1} - s_n a_{n-1}) + x_1 (t_{n-1} - t_n a_{n-1})
\end{aligned}$$

となって，$n + 1$ のときも主張が成り立つことがわかる．したがって数学的帰納法により，任意の自然数 n について (2.3) をみたす s, t の存在が証明された． $\qquad \square$

　実数や複素数の世界では無数に解をもつ不定な方程式（例えば上の定理に現れる $as + bt = d$）の整数解や有理数解を求め

ることは整数論では重要な問題の 1 つである．このような整数解，有理数解を求めることが対象となる方程式を**不定方程式**とよぶ．定理 2.7 の方程式は各変数に関して 1 次式なので **1 次不定方程式**とよぶ．

例 2.8. $6731s + 4717t = (6731, 4717)$ を解いてみよう．Euclid の互除法を使って $(6731, 4717)$ を計算する．

$$6731 = 4717 \cdot 1 + 2014, \qquad 4717 = 2014 \cdot 2 + 689,$$
$$2014 = 689 \cdot 2 + 636, \qquad 689 = 636 \cdot 1 + 53,$$
$$636 = 53 \cdot 12 + 0.$$

これから $(6731, 4717) = 53$ がわかる．これを行列を使って次のように計算する[3]．まず行列

3) 慣れれば，いきなり行列で計算を始めることもできるだろう．

$$\begin{bmatrix} 1 & 0 & 6731 \\ 0 & 1 & 4717 \end{bmatrix}$$

を考える．これを a, b を変数とする連立一次方程式

$$\begin{cases} a = 6731 \\ b = 4717 \end{cases}$$

の係数を並べて書き出して行列で表したものとみよう．行列の 1 つの行を整数倍して別の行にたしても，同値な連立方程式とそれに対応する行列がえられることを利用して次のように計算を行う．

6731 を 4717 でわった商は 1 であったから，第 1 行に第 2 行を -1 倍したものをたす．

$$\begin{bmatrix} 1 & -1 & 2014 \\ 0 & 1 & 4717 \end{bmatrix}.$$

次に 4717 を 2014 でわった商は 2 だから，第 2 行に第 1 行を -2 倍したものをたす．以下同様にして，

$$\begin{bmatrix} 1 & -1 & 2014 \\ -2 & 3 & 689 \end{bmatrix} \rightarrow \begin{bmatrix} 5 & -7 & 636 \\ -2 & 3 & 689 \end{bmatrix}$$

$$\rightarrow \begin{bmatrix} 5 & -7 & 636 \\ -7 & 10 & 53 \end{bmatrix} \rightarrow \begin{bmatrix} 89 & -127 & 0 \\ -7 & 10 & 53 \end{bmatrix}.$$

第3列に0が出てきて互除法が終わる. 第3列の0でない成分 53はaとbの最大公約数になる.

この行列に対応する連立一次方程式はもとの方程式と同値であるから, 同じ解$a = 6731$, $b = 4717$をもつ. したがって, 第3列に0のない第2行の結果（太字になっている部分）を方程式の形に戻すと,

$$-7 \cdot 6731 + 10 \cdot 4717 = 53.$$

これから $s = -7, t = 10$ が元の不定方程式の1つの解であることがわかった[4].

さて, 互除法に現れる計算を次のように行列を使って書き直す[5].

$$\begin{bmatrix} x_{n-1} \\ x_n \end{bmatrix} = \begin{bmatrix} a_{n-1} & 1 \\ 1 & 0 \end{bmatrix} \begin{bmatrix} x_n \\ x_{n+1} \end{bmatrix}.$$

両辺の第1成分は $x_{n-1} = x_n a_{n-1} + x_{n+1}$ という (2.1) と同じ式であり, その第2成分は $x_n = x_n$ という当然成り立つ式である. このように行列の積で表すと, 行列 $\begin{bmatrix} a_{n-1} & 1 \\ 1 & 0 \end{bmatrix}$ がベクトル $\begin{bmatrix} x_n \\ x_{n+1} \end{bmatrix}$ の成分の添字の番号を1つずらす変換を与えていることがわかる. この式をくりかえし使うと, 任意のnに対して,

$$\begin{bmatrix} x_0 \\ x_1 \end{bmatrix} = \begin{bmatrix} a_0 & 1 \\ 1 & 0 \end{bmatrix} \begin{bmatrix} x_1 \\ x_2 \end{bmatrix} = \begin{bmatrix} a_0 & 1 \\ 1 & 0 \end{bmatrix} \cdots \begin{bmatrix} a_{n-1} & 1 \\ 1 & 0 \end{bmatrix} \begin{bmatrix} x_n \\ x_{n+1} \end{bmatrix}$$

が成り立つ. ここで

$$\begin{bmatrix} p_{n-1} & p_{n-2} \\ q_{n-1} & q_{n-2} \end{bmatrix} = \begin{bmatrix} a_0 & 1 \\ 1 & 0 \end{bmatrix} \cdots \begin{bmatrix} a_{n-1} & 1 \\ 1 & 0 \end{bmatrix} \quad (2.4)$$

とおくと, 上式は

$$\begin{bmatrix} x_0 \\ x_1 \end{bmatrix} = \begin{bmatrix} p_{n-1} & p_{n-2} \\ q_{n-1} & q_{n-2} \end{bmatrix} \begin{bmatrix} x_n \\ x_{n+1} \end{bmatrix}. \quad (2.5)$$

[4] あとでこの計算が有理数の連分数展開と本質的に同じであることがわかるが, この方法は1次不定方程式の解の計算法として明記しておきたい.

[5] 次節でもこれと同じ計算が現れる. 肩慣らしの意味でここで導入しておく.

(2.4) の両辺の行列式をとると，補遺の命題 A.4 から

$$\begin{vmatrix} p_{n-1} & p_{n-2} \\ q_{n-1} & q_{n-2} \end{vmatrix} = (-1)^n$$

となるので，(2.5) に逆行列をかけて解くと，

$$\begin{bmatrix} x_n \\ x_{n+1} \end{bmatrix} = (-1)^n \begin{bmatrix} q_{n-2} & -p_{n-2} \\ -q_{n-1} & p_{n-1} \end{bmatrix} \begin{bmatrix} x_0 \\ x_1 \end{bmatrix}$$

がえられる．両辺の第 1 成分を比較して

$$x_n = (-1)^n q_{n-2} x_0 + (-1)^{n+1} p_{n-2} x_1.$$

これは定理 2.7 の証明中の (2.3) の別証明を与える．特に定理 2.7 の一次不定方程式の解を与える次の系が成り立つ．

系 2.9. (x_n) および (a_n) を整数 a, b の互除法によって (2.1) と (2.2) で決まる数列とし，$x_n = d := \gcd(a, b)$, $x_{n+1} = 0$ とする．(2.4) の数列 $(p_n), (q_n)$ を使うと不定方程式 $ax + by = d$ の 1 つの解は

$$(-1)^n q_{n-2} a + (-1)^{n+1} p_{n-2} b = d$$

で与えられる．

　一次不定方程式について一般に次が成り立つ．

命題 2.10. a, b を 0 でない整数とし，k を整数とするとき，不定方程式

$$as + bt = k \tag{2.6}$$

が解をもつための必要十分条件は

$$(a, b) \mid k$$

である．また (s_0, t_0) を (2.6) の 1 つの解とするとき，他の解は

$$s_0 + \frac{b}{(a, b)} z, \quad t_0 - \frac{a}{(a, b)} z \quad (z \in \mathbb{Z}) \tag{2.7}$$

で与えられる．

証明. $d = (a, b)$ として, $a = a'd, b = b'd$ とおく.

(2.6) に解 (s, t) があるとすると $d \mid as + bt = k$. 逆に $d \mid k$ のときを考える. $k = dk'$ と表しておく. $(a', b') = 1$ であるから, 定理 2.7 により $a's' + b't' = 1$ をみたす $s', t' \in \mathbb{Z}$ がある. この式に $dk' = k$ をかけると $a(s'k') + b(t'k') = k$ となり $s'k', t'k'$ が (2.6) の解であることがわかる.

(2.7) が (2.6) の解であることは簡単に確かめられる. 逆に

$$as + bt = k, \quad as_0 + bt_0 = k$$

であるとすると, 両辺を引き算して d で両辺をわると,

$$a'(s - s_0) + b'(t - t_0) = 0$$

をえる. $(a', b') = 1$ から

$$b' \mid (s - s_0), \quad a' \mid (t - t_0)$$

がわかる. したがって $s = s_0 + b'z, t = t_0 + a'z'$ と書いて元の式に代入すれば,

$$k = a(s_0 + b'z) + b(t_0 + a'z') = k + a'b'd(z + z').$$

となって, これから $z' = -z$ が導かれる. $\qquad\square$

問 2.2 例 2.8 の方法を使って,

$$1247s + 2117t = (1247, 2117)$$

を解け. またそのすべての解を求めよ.

有限連分数

定義 3.1. a_0 を実数, $a_1, \ldots, a_n$ を正の実数とする.

$$a_0 + \cfrac{1}{a_1 + \cfrac{1}{a_2 + \cfrac{1}{\ddots + \cfrac{1}{a_{n-1} + \cfrac{1}{a_n}}}}}$$

という形の数を**有限連分数**という. a_i たちを**部分商**という. 上の連分数のように分子にあたる数がすべて 1 であって, すべての a_i が整数で, $i \geq 1$ なら a_i が自然数であるとき, この連分数を**有限正則連分数**という[6]. この表記は場所をとるから

$$[a_0; a_1, a_2, \ldots, a_n]$$

とも書く.

第 14 節までは, もっぱら正則連分数ばかりをあつかうので, 正則連分数のことを単に連分数とよぶことにする.

有限連分数の正体は次の定理でわかる.

定理 3.2. $a_0 \in \mathbb{Z}$, $a_1, \ldots, a_n \in \mathbb{N}$ のとき, 任意の有限連分数は有理数である. 逆に任意の有理数は有限連分数として表される.

証明. $[a_0; a_1, a_2, \ldots, a_n]$ を有限連分数とする. n に関する帰納法で前半を証明する. $n = 1$ のとき,

$$[a_0; a_1] = a_0 + \frac{1}{a_1} = \frac{a_0 a_1 + 1}{a_1} \in \mathbb{Q}.$$

[6] 単純連分数ともよばれるが, 最近はこのように正則連分数とよばれることの方が多い.

$n > 1$ として定理の主張が $n-1$ まで成り立つとする.

$$[a_0; a_1, a_2, \ldots, a_n] = a_0 + \frac{1}{[a_1; a_2, \ldots, a_n]}$$

に注意すると,帰納法の仮定から $\dfrac{1}{[a_1; a_2, \ldots, a_n]}$ は有理数だから $[a_0; a_1, a_2, \ldots, a_n]$ も有理数である.

逆に a, b を整数とし $x = a/b$ を有理数とする.ただし $b > 0$ とする.$x_0 = a$, $x_1 = b$ とおいて互除法を行う.商を $a_0, a_1, \ldots$ とすると

$$x_0 = x_1 a_0 + x_2 \qquad\qquad (0 \le x_2 < x_1)$$
$$x_1 = x_2 a_1 + x_3 \qquad\qquad (0 \le x_3 < x_2)$$
$$\vdots$$
$$x_{n-2} = x_{n-1} a_{n-2} + x_n \qquad (0 \le x_n < x_{n-1})$$
$$x_{n-1} = x_n a_{n-1} \qquad\qquad\quad x_{n+1} = 0.$$

$x_{k-1} = x_k a_{k-1} + x_{k-1}$ の形の式の両辺を x_k でわって,

$$\frac{x_{k-1}}{x_k} = a_{k-1} + \frac{x_{k-1}}{x_k} = a_{k-1} + \frac{1}{\dfrac{x_{k-1}}{x_k}}$$

と変形し,次々に代入すると

$$x = \frac{a}{b} = a_0 + \frac{x_2}{x_1} = a_0 + \frac{1}{\dfrac{x_1}{x_2}}$$

$$= a_0 + \frac{1}{a_1 + \dfrac{x_3}{x_2}} = \cdots = a_0 + \frac{1}{a_1 + \dfrac{1}{\ddots + \dfrac{1}{a_{n-2} + \dfrac{1}{a_{n-1}}}}}$$

となり x は有限連分数で表される. $\square$

定理 3.2 の証明の後半から,有理数を連分数として表すには,

分母と分子で互除法をおこなって，その商を部分商として並べればよいことがわかる.

例 3.3. $\dfrac{5}{33}$ の連分数展開を求める．5 と 33 でユークリッドの互除法を行う.

$$5 = 33 \cdot 0 + 5, \quad 33 = 5 \cdot 6 + 3, \quad 5 = 3 \cdot 1 + 2, \quad 3 = 2 \cdot 1 + 1, \quad 2 = 1 \cdot 2.$$

商をならべて

$$\frac{5}{33} = [0; 6, 1, 1, 2] = \cfrac{1}{6 + \cfrac{1}{1 + \cfrac{1}{1 + \cfrac{1}{2}}}}$$

同じ数を

$$[0; 6, 1, 1, 1, 1] = \cfrac{1}{6 + \cfrac{1}{1 + \cfrac{1}{1 + \cfrac{1}{1 + \cfrac{1}{1}}}}}$$

とも書けるので，この表現は一意的ではないこともわかる.

一般に $a_n > 1$ なら

$$[a_0; a_1, \ldots, a_{n-1}, a_n] = [a_0; a_1, \ldots, a_{n-1}, a_n - 1, 1]$$

と連分数の長さを 1 つのばすことができる.

問 3.1 $\dfrac{54}{37}$ を連分数展開せよ.

逆方向の変換の初等的な方法は次の例で与えられる.

例 3.4. 有限連分数が与えられたとき，以下のように下から上に向かって計算していくと通常の有理数の表示をえることができる.

$$1 + \cfrac{1}{2 + \cfrac{1}{3 + \cfrac{1}{4 + \cfrac{1}{5}}}} = 1 + \cfrac{1}{2 + \cfrac{1}{3 + \cfrac{1}{\cfrac{21}{5}}}} = 1 + \cfrac{1}{2 + \cfrac{1}{3 + \cfrac{5}{21}}}$$

$$= 1 + \cfrac{1}{2 + \cfrac{1}{\cfrac{68}{21}}} = 1 + \cfrac{1}{2 + \cfrac{21}{68}} = 1 + \cfrac{1}{\cfrac{157}{68}} = 1 + \frac{68}{157} = \frac{225}{157}.$$

問 3.2　次の連分数を通常の分数になおせ.

(i)　$[0; 7, 1, 5] = \cfrac{1}{7 + \cfrac{1}{1 + \cfrac{1}{5}}}$　　(ii)　$[0; 2, 1, 1, 2] = \cfrac{1}{2 + \cfrac{1}{1 + \cfrac{1}{1 + \cfrac{1}{2}}}}$

定義 3.5. 有限連分数 $[a_0; a_1, a_2, \ldots, a_n]$ と $k \leq n$ に対して, 途中で打ち切った連分数 $[a_0; a_1, a_2, \ldots, a_k]$ を k 番目の**近似分数**という.

例 3.6. $\dfrac{17}{44} = [0; 2, 1, 1, 2, 3] = 0.38636363\ldots$ の近似分数を求める.

$$[0; 2] = \frac{1}{2} = 0.5$$

$$[0; 2, 1] = \cfrac{1}{2 + \cfrac{1}{1}} = \frac{1}{3} = 0.3333\ldots$$

$$[0; 2, 1, 1] = \cfrac{1}{2 + \cfrac{1}{1 + \cfrac{1}{1}}} = \cfrac{1}{2 + \cfrac{1}{2}} = \frac{2}{5} = 0.4$$

$$[0; 2, 1, 1, 2] = \cfrac{1}{2 + \cfrac{1}{1 + \cfrac{1}{1 + \cfrac{1}{2}}}} = \cfrac{1}{2 + \cfrac{1}{1 + \cfrac{2}{3}}} = \cfrac{1}{2 + \cfrac{3}{5}} = \underset{\underset{\sim}{}}{\frac{5}{13}} = 0.384615..$$

波線をひいた部分が近似分数である．小数で与えた近似値を
みると，真の値を上下に挟みながら近似していく様子がわかる．
この振る舞いは次節で一般的に証明される．

ただ，この計算方法だと直前の結果が使えなくて，計算がど
んどん大変になっていく．近似分数を実際に計算するのには次
の命題が役に立つ．

命題 3.7. $a_0, a_1, \ldots, a_n \in \mathbb{R}$ とし $a_1, \ldots, a_n > 0$ とする．数
列 $(p_n), (q_n)$ を次のように帰納的に定義する．$k \geq 2$ として

$$p_0 = a_0, \qquad p_1 = a_0 a_1 + 1, \qquad p_k = a_k p_{k-1} + p_{k-2}$$
$$q_0 = 1, \qquad q_1 = a_1, \qquad q_k = a_k q_{k-1} + q_{k-2}.$$

このとき，

$$[a_0; a_1, a_2, \ldots, a_k] = \frac{p_k}{q_k} = \frac{a_k p_{k-1} + p_{k-2}}{a_k q_{k-1} + q_{k-2}} \tag{3.1}$$

が成り立つ．ただし 2 番目の等式は $k \geq 2$ のとき成立する．

証明. k に関する帰納法で証明する．$k = 0$ または 1 のとき，

$$[a_0] = a_0 = \frac{a_0}{1} = \frac{p_0}{q_0}, \quad [a_0; a_1] = a_0 + \frac{1}{a_1} = \frac{p_1}{q_1}$$

より成立する．また $k = 2$ のとき

$$[a_0; a_1, a_2] = a_0 + \frac{1}{[a_1; a_2]} = a_0 + \frac{a_2}{a_1 a_2 + 1} = \frac{a_2 p_1 + p_0}{a_2 q_1 + q_0}$$

が成り立つ．$k \geq 3$ として k より小さいときに成立すると仮定
して，k のときに成り立つことを示す．

$$[a_0; a_1, a_2, \ldots, a_{k-1}, a_k] = \left[a_0; a_1, a_2, \ldots, a_{k-1} + \frac{1}{a_k} \right]$$

$$= \frac{\left(a_{k-1} + \dfrac{1}{a_k}\right) p_{k-2} + p_{k-3}}{\left(a_{k-1} + \dfrac{1}{a_k}\right) q_{k-2} + q_{k-3}} \quad (\because \text{帰納法の仮定})$$

$$= \frac{a_k(a_{k-1}p_{k-2} + p_{k-3}) + p_{k-2}}{a_k(a_{k-1}q_{k-2} + q_{k-3}) + q_{k-2}}$$

$$= \frac{a_k p_{k-1} + p_{k-2}}{a_k q_{k-1} + q_{k-2}}$$

$$= \frac{p_k}{q_k}$$

により k のときにも成立する. $\qquad\qquad\qquad\square$

この命題を次のように行列を使って書くと理論上も計算上も便利である. 本書ではこの表現をもっぱら使うのでよく理解してほしい.

命題 3.8. 数列 (p_k), (q_k) を命題 3.7 で定義された近似分数の分子, 分母を与える数列とする.

$$p_{-1} = 1, \; q_{-1} = 0$$

と定義すれば, すべての $k \geq 0$ に対して,

$$\begin{bmatrix} p_k & p_{k-1} \\ q_k & q_{k-1} \end{bmatrix} = \begin{bmatrix} a_0 & 1 \\ 1 & 0 \end{bmatrix} \begin{bmatrix} a_1 & 1 \\ 1 & 0 \end{bmatrix} \cdots \begin{bmatrix} a_k & 1 \\ 1 & 0 \end{bmatrix} \tag{3.2}$$

が成り立つ[7].

証明. $k \geq 2$ なら, 命題 3.7 の漸化式は

$$\begin{bmatrix} p_k & p_{k-1} \\ q_k & q_{k-1} \end{bmatrix} = \begin{bmatrix} p_{k-1} & p_{k-2} \\ q_{k-1} & q_{k-2} \end{bmatrix} \begin{bmatrix} a_k & 1 \\ 1 & 0 \end{bmatrix}$$

と表される. 以下, 帰納的に

$$\begin{bmatrix} p_k & p_{k-1} \\ q_k & q_{k-1} \end{bmatrix} = \begin{bmatrix} p_{k-2} & p_{k-3} \\ q_{k-2} & q_{k-3} \end{bmatrix} \begin{bmatrix} a_{k-1} & 1 \\ 1 & 0 \end{bmatrix} \begin{bmatrix} a_k & 1 \\ 1 & 0 \end{bmatrix}$$

$$= \begin{bmatrix} p_1 & p_0 \\ q_1 & q_0 \end{bmatrix} \begin{bmatrix} a_2 & 1 \\ 1 & 0 \end{bmatrix} \cdots \begin{bmatrix} a_k & 1 \\ 1 & 0 \end{bmatrix}$$

[7] この意味から最初の近似分数は

$$\frac{p_{-1}}{q_{-1}} = \frac{1}{0} = \infty$$

と考えることもできる.

$$= \begin{bmatrix} a_0 a_1 + 1 & a_0 \\ a_1 & 1 \end{bmatrix} \begin{bmatrix} a_2 & 1 \\ 1 & 0 \end{bmatrix} \cdots \begin{bmatrix} a_k & 1 \\ 1 & 0 \end{bmatrix}.$$

さらに

$$\begin{bmatrix} a_0 a_1 + 1 & a_0 \\ a_1 & 1 \end{bmatrix} = \begin{bmatrix} a_0 & 1 \\ 1 & 0 \end{bmatrix} \begin{bmatrix} a_1 & 1 \\ 1 & 0 \end{bmatrix}$$

であるから (3.2) は $k \geq 1$ で成り立つ. p_{-1}, q_{-1} の定義から $k = 0$ のときも成立する. □

系 3.9. k 番目の近似分数 $[a_0; a_1, a_2, \ldots, a_k]$ は

$$\begin{bmatrix} a_0 & 1 \\ 1 & 0 \end{bmatrix} \begin{bmatrix} a_1 & 1 \\ 1 & 0 \end{bmatrix} \cdots \begin{bmatrix} a_k & 1 \\ 1 & 0 \end{bmatrix}$$

の (1,1) 成分と (2,1) 成分の比に等しい.

証明. (3.2) から

$$\begin{bmatrix} a_0 & 1 \\ 1 & 0 \end{bmatrix} \begin{bmatrix} a_1 & 1 \\ 1 & 0 \end{bmatrix} \cdots \begin{bmatrix} a_k & 1 \\ 1 & 0 \end{bmatrix} = \begin{bmatrix} p_k & p_{k-1} \\ q_k & q_{k-1} \end{bmatrix}.$$

よって (1,1) 成分と (2,1) 成分の比は

$$\frac{p_k}{q_k} = [a_0; a_1, a_2, \ldots, a_k]$$

となり主張が成り立つ. □

(3.2) を使った近似分数の計算は次のようになる.

例 3.10. 有限連分数 $\dfrac{77}{23} = [3; 2, 1, 7] = 3.3478260869....$ の近似分数を計算する.

$$\begin{bmatrix} p_1 & p_0 \\ q_1 & q_0 \end{bmatrix} = \begin{bmatrix} 3 & 1 \\ 1 & 0 \end{bmatrix} \begin{bmatrix} 2 & 1 \\ 1 & 0 \end{bmatrix} = \begin{bmatrix} 7 & 3 \\ 2 & 1 \end{bmatrix}$$

両辺の右から $\begin{bmatrix} 1 & 1 \\ 1 & 0 \end{bmatrix}$ をかけて,

$$\begin{bmatrix} p_2 & p_1 \\ q_2 & q_1 \end{bmatrix} = \begin{bmatrix} 7 & 3 \\ 2 & 1 \end{bmatrix} \begin{bmatrix} 1 & 1 \\ 1 & 0 \end{bmatrix} = \begin{bmatrix} 10 & 7 \\ 3 & 2 \end{bmatrix},$$

さらに $\begin{bmatrix} 7 & 1 \\ 1 & 0 \end{bmatrix}$ を右からかけると

$$\begin{bmatrix} p_3 & p_2 \\ q_3 & q_2 \end{bmatrix} = \begin{bmatrix} 10 & 7 \\ 3 & 2 \end{bmatrix} \begin{bmatrix} 7 & 1 \\ 1 & 0 \end{bmatrix} = \begin{bmatrix} 77 & 10 \\ 23 & 3 \end{bmatrix}.$$

したがって,

$$\frac{p_0}{q_0} = \frac{3}{1} = 3, \quad \frac{p_1}{q_1} = \frac{7}{2} = 3.5, \quad \frac{p_2}{q_2} = \frac{10}{3} = 3.333..., \quad \frac{p_3}{q_3} = \frac{77}{23}$$

となる. 例 3.6 の計算と違って, 煩雑な分数の計算がないこと, 直前の計算結果が使えることがこの方法の利点である.

問 3.3 $\dfrac{156}{101} = [1; 1, 1, 5, 9]$ の近似分数を求めよ.

問 3.4 [8)] $n \geq 1$ に対して

$$f(x_1, \ldots, x_n) = \det \begin{bmatrix} x_1 & 1 & 0 & 0 & \ldots & 0 \\ -1 & x_2 & 1 & 0 & & 0 \\ 0 & -1 & x_3 & 1 & & \vdots \\ \vdots & & -1 & & & \\ & & & & \ddots & 1 \\ 0 & 0 & \ldots & & -1 & x_n \end{bmatrix}$$

8) 行列式の余因子展開を使うので, 知らない人はとばしてもよい.

とおくとき,

$$p_n = f(a_0, a_1, \ldots, a_n), \quad q_n = f(a_1, a_2, \ldots, a_n)$$

を示せ.

式 (3.2) の両辺の行列式をとると次の命題がえられる.

命題 3.11.

$$p_k q_{k-1} - p_{k-1} q_k = (-1)^{k+1}. \tag{3.3}$$

系 3.12. 有限連分数 $[a_0; a_1, \ldots, a_n]$ の近似分数 $\dfrac{p_k}{q_k}$ は既約分数である.

証明. $d = (p_k, q_k)$ とすると, (3.3) から, $d \mid (-1)^{k+1}$. したがって $d = 1$. $\qquad\square$

系 3.13. 有限連分数の近似分数の分母を与える数列 (q_n) は $n \geq 1$ に対して単調増加列で $q_n \geq n$ が成り立つ.

証明. n に関する帰納法で証明する. $q_0 = 1, q_1 = a_1 \geq 1$ より $n = 1$ のとき成り立つ. $n \geq 2$ として $n-1$ まで成り立つと仮定すると,

$$q_n = a_n q_{n-1} + q_{n-2} \geq q_{n-1} + q_{n-2} \geq (n-1) + 1 \geq n$$

となり n のとき主張が成り立つ. またこのとき $q_n \geq q_{n-1} + q_{n-2} > q_{n-1}$ であるから, 単調増加であることもわかる. $\square$

また (3.3) の両辺を $q_k q_{k-1}$ でわることにより次の系をえる.

系 3.14.
$$\frac{p_k}{q_k} - \frac{p_{k-1}}{q_{k-1}} = \frac{(-1)^{k-1}}{q_k q_{k-1}}.$$

系 3.13 と系 3.14 を合わせると, k が大きくなるとき, 隣り合った近似分数の差の絶対値が 0 に近づくことがわかる.

系 3.15.
$$\frac{p_1}{q_1} > \frac{p_3}{q_3} > \frac{p_5}{q_5} > \cdots > \frac{p_4}{q_4} > \frac{p_2}{q_2} > \frac{p_0}{q_0}.$$

証明. 命題 3.7 より

$$\begin{aligned}
\frac{p_k}{q_k} - \frac{p_{k-2}}{q_{k-2}} &= \frac{p_k q_{k-2} - p_{k-2} q_k}{q_k q_{k-2}} \\
&= \frac{(a_k p_{k-1} + p_{k-2}) q_{k-2} - p_{k-2}(a_k q_{k-1} + q_{k-2})}{q_k q_{k-2}} \\
&= \frac{a_k(p_{k-1} q_{k-2} - p_{k-2} q_{k-1})}{q_k q_{k-2}} \\
&= \frac{a_k (-1)^k}{q_k q_{k-2}}.
\end{aligned}$$

最後は命題 3.11 を使った. k が偶数なら右辺は正, 奇数なら右辺は負なので, 偶数部分列が増加し, 奇数部分列が減少することがわかる. また系 3.14 から

$$\frac{p_{2k}}{q_{2k}} - \frac{p_{2k-1}}{q_{2k-1}} < 0, \qquad \frac{p_{2k+1}}{q_{2k+1}} - \frac{p_{2k}}{q_{2k}} > 0.$$

以上の考察をあわせると, 任意の $l, k \geq 1$ に対して,

$$\frac{p_{2k+1}}{q_{2k+1}} > \frac{p_{2k+2\ell+1}}{q_{2k+2\ell+1}} > \frac{p_{2k+2\ell}}{q_{2k+2\ell}} > \frac{p_{2k}}{q_{2k}}$$

が成り立つ. □

定義 3.16. 実数 x に対して $\lfloor x \rfloor$ で x 以下の最大の整数を表す. 関数 $x \mapsto \lfloor x \rfloor$ を**床関数**とよぶ[9]. 例えば $\lfloor 2.1 \rfloor = 2, \lfloor -1.5 \rfloor = -2$ である.

定理 3.17. 2つの有限連分数が $[a_0; a_1, \ldots, a_n] = [b_0; b_1, \ldots, b_\ell]$ かつ $a_n, b_\ell > 1$ をみたしているならば, $n = \ell$ で $a_k = b_k$ が $k = 0, 1, \ldots, n$ について成り立つ.

したがって, 有理数と有限正則連分数で最後の項が 1 より大きいものは 1 対 1 に対応する.

証明. 一般性を失うことなく $\ell \geq n$ と仮定してよい.

まず $a_n > 1$ ならば $a_k = \lfloor [a_k; \ldots, a_n] \rfloor$ がすべての $k = 0, \ldots, n-1$ について成り立つことを示そう. $k = n-1$ ならば $[a_{n-1}; a_n] = a_{n-1} + \frac{1}{a_n}$ で $a_n > 1$ だから $a_{n-1} = \lfloor [a_{n-1}; a_n] \rfloor$ となり成立する. $k < n-2$ として $a_{k+1} = \lfloor [a_{k+1}; \ldots, a_n] \rfloor$ が成立すると仮定する. このとき

$$[a_k; a_{k+1}, \ldots, a_n] = a_k + \frac{1}{[a_{k+1}; a_{k+2} \ldots, a_n]}$$

が成り立つ. 一方で, 仮定より,

$$[a_{k+1}; a_{k+2} \ldots, a_n] > \lfloor [a_{k+1}; a_{k+2} \ldots, a_n] \rfloor = a_{k+1} \geq 1$$

となる[10]. よって

$$a_k < [a_k; a_{k+1}, \ldots, a_n] < a_k + 1.$$

これは

$$a_k = \lfloor [a_k; a_{k+1}, \ldots, a_n] \rfloor$$

を示す.

定理の主張の証明に移る. 2つの有限連分数の共通の値を α とすると, a_0, b_0 はともに α の整数部になるので, $a_0 = b_0$.

$$a_0 + \cfrac{1}{[a_1; \ldots, a_n]} = b_0 + \cfrac{1}{[b_1; \ldots, b_\ell]}.$$

これから $[a_1; \ldots, a_n] = [b_1; \ldots, b_\ell]$. この整数部分を比較して,$a_1 = b_1$. 以下同様に $a_i = b_i$ が $i = 1, \ldots, n-1$ について成り立つ. 仮定から

$$\begin{bmatrix} a_0 & 1 \\ 1 & 0 \end{bmatrix} \cdots \begin{bmatrix} a_n & 1 \\ 1 & 0 \end{bmatrix} = \begin{bmatrix} b_0 & 1 \\ 1 & 0 \end{bmatrix} \cdots \begin{bmatrix} b_\ell & 1 \\ 1 & 0 \end{bmatrix}.$$

$\ell > n$ とすると,

$$\begin{bmatrix} a_n & 1 \\ 1 & 0 \end{bmatrix} = \begin{bmatrix} b_n & 1 \\ 1 & 0 \end{bmatrix} \cdots \begin{bmatrix} b_\ell & 1 \\ 1 & 0 \end{bmatrix}.$$

系 3.13 の議論から,右辺の行列の積の $(2, 2)$ 成分は,2 個以上の行列の積であれば 0 にならないので矛盾. よって,$n = \ell$ で $a_n = b_n$ となる. $\square$

4 ▶ 無限連分数展開

　前節で，有理数と有限連分数が本質的に 1 対 1 に対応することをみた．これだけだと，連分数は有理数の煩雑な表現にすぎない．しかし，この節から考える無限に続く連分数，無限連分数を考えることにより連分数の世界は大きく広がる．

　無限連分数を考えるために対応する数列を定義することから始める．初項 a_0 が整数，$n \geq 1$ ならば a_n は自然数となる数列の集合を $\mathscr{S}$ で表す．

$$\mathscr{S} = \{(a_n)_{n=0}^{\infty} \mid a_0 \in \mathbb{Z},\ a_n \in \mathbb{N}\ (n \geq 1)\}.$$

$\mathscr{S}$ に属する数列と連分数を対応させるのが次の定理である．

定理 4.1. $(a_0, a_1, a_2, \ldots) \in \mathscr{S}$ とする．有限連分数のなす数列 $[a_0; a_1, a_2, \ldots, a_n]\ (n = 0, 1, \ldots)$ は $n \to \infty$ のとき，ある無理数に収束する．

証明. 近似分数を $\dfrac{p_n}{q_n} = [a_0; a_1, \ldots, a_n]$ とすると，系 3.15 から

$$\frac{p_1}{q_1} > \frac{p_3}{q_3} > \frac{p_5}{q_5} > \cdots > \frac{p_4}{q_4} > \frac{p_2}{q_2} > \frac{p_0}{q_0}.$$

これは奇数部分列 (p_{2n-1}/q_{2n-1}) が下界 p_0/q_0 をもつ単調減少列であり，また偶数部分列 (p_{2n}/q_{2n}) が上界 p_1/q_1 をもつ単調増加列であることを示す．よって，定理 1.1 から，それぞれの数列は極限をもつ．

$$\lim_{n \to \infty} \frac{p_{2n-1}}{q_{2n-1}} = \alpha_1, \quad \lim_{n \to \infty} \frac{p_{2n}}{q_{2n}} = \alpha_2$$

とする．以下では $\alpha_1 = \alpha_2$ であることを証明する．系 3.14 を

使うと，

$$\frac{p_{2n}}{q_{2n}} - \frac{p_{2n-1}}{q_{2n-1}} = \frac{(-1)^{2n-1}}{q_{2n}q_{2n-1}} \leq \frac{(-1)^{2n-1}}{2n(2n-1)}.$$

最後の不等式は系 3.13 からわかる．よって

$$\lim_{n \to \infty} \left| \frac{p_{2n}}{q_{2n}} - \frac{p_{2n-1}}{q_{2n-1}} \right| = 0.$$

これで $\alpha_1 = \alpha_2$ がわかった．

次に極限 $\alpha = \alpha_1 = \alpha_2$ が無理数であることを証明する．

$$\frac{p_{2n}}{q_{2n}} < \alpha < \frac{p_{2n+1}}{q_{2n+1}}$$

であるから，系 3.14 を使うと

$$0 < \alpha - \frac{p_{2n}}{q_{2n}} < \frac{p_{2n+1}}{q_{2n+1}} - \frac{p_{2n}}{q_{2n}} \leq \frac{1}{q_{2n+1}q_{2n}}$$

がえられる．これから

$$0 < \alpha q_{2n} - p_{2n} < \frac{1}{q_{2n+1}}.$$

もし α が有理数なら $\alpha = a/b \ (a, b \in \mathbb{Z})$ と表されて，

$$0 < a q_{2n} - b p_{2n} < \frac{b}{q_{2n+1}}.$$

ここで任意の n に対して $a q_{2n} - b p_{2n}$ は整数であるが，系 3.13 から n を十分大きくとると $b/q_{2n+1} < 1$ となってしまうので矛盾が生じる．したがって α は無理数である． $\square$

定理 4.1 から写像

$$F : \mathscr{S} \longrightarrow \mathbb{R} - \mathbb{Q}, \quad (a_n)_{n=0}^{\infty} \mapsto \lim_{n \to \infty} [a_0; a_1, \ldots, a_n]$$

が定義された．ここで $\mathbb{R} - \mathbb{Q}$ は無理数の集合である．

この節の目標は F が全単射であることを示すことである．そのために逆向きの写像

$$G : \mathbb{R} - \mathbb{Q} \longrightarrow \mathscr{S}$$

を定義して，$F \circ G$ と $G \circ F$ がともに恒等写像であることを示

していく.

　与えられた無理数から無限連分数をえる写像 G は次の定理でえられる.

定理 4.2(連分数展開アルゴリズム). α を無理数とする. $\alpha_0 = \alpha$ として,

$$a_k = \lfloor \alpha_k \rfloor, \quad \alpha_{k+1} = \frac{1}{\alpha_k - a_k} \tag{4.1}$$

で $a_0, a_1, \ldots$ および $\alpha_1, \alpha_2, \ldots$ を決めると, $(a_n)_{n=0}^\infty \in \mathscr{S}$ となり

$$\alpha = [a_0; a_1, \ldots, a_k, \alpha_{k+1}] = [a_0; a_1, a_2, \ldots]$$

が成り立つ. ただし a_k は定義 3.16 の床関数を使って定義されている.

証明. すべての $n \geq 0$ について床関数の定義から $a_n \in \mathbb{Z}$ である. またすべての n について $0 < \alpha_n - a_n < 1$ となることから $n \geq 1$ なら $a_n \in \mathbb{N}$ である. また, ある n について α_n が有理数ならば, (4.1) 式から, その前の α_{n-1} も有理数になる. 同様にこの数列の帰納的定義を遡ると α_0 が有理数になってしまい, 矛盾が生じる. したがって, すべての n に対して α_n は無理数である. これから上のアルゴリズムは有限回で止まることはない. 以上により $(a_0, a_1, \ldots) \in \mathscr{S}$ がえられた.

　さて (4.1) を繰り返し使うと,

$$\alpha = \alpha_0 = a_0 + \frac{1}{\alpha_1} = [a_0; \alpha_1]$$

$$= a_0 + \cfrac{1}{a_1 + \cfrac{1}{\alpha_2}} = [a_0; a_1, \alpha_2]$$

$$= \cdots$$

$$= a_0 + \cfrac{1}{a_1 + \cfrac{1}{a_2 + \cfrac{1}{\ddots + \cfrac{1}{a_k + \cfrac{1}{\alpha_{k+1}}}}}} = [a_0; a_1, \ldots, a_k, \alpha_{k+1}]$$

であるから，α を有限連分数で表す式

$$\alpha = [a_0; a_1, \ldots, a_k, \alpha_{k+1}]$$

をえる．$a_0, \ldots, a_k$ は整数であるが，α_{k+1} は無理数であること
に注意しておく．以下では

$$\lim_{k \to \infty} [a_0; a_1, \ldots, a_k] = \alpha$$

を示そう．命題 3.7 から

$$\alpha = [a_0; a_1, \ldots, a_k, \alpha_{k+1}] = \frac{\alpha_{k+1} p_k + p_{k-1}}{\alpha_{k+1} q_k + q_{k-1}}$$

となるので，命題 3.11 を使うと

$$\begin{aligned}
\alpha - \frac{p_k}{q_k} &= \frac{\alpha_{k+1} p_k + p_{k-1}}{\alpha_{k+1} q_k + q_{k-1}} - \frac{p_k}{q_k} \\
&= -\frac{p_k q_{k-1} - p_{k-1} q_k}{q_k(\alpha_{k+1} q_k + q_{k-1})} \\
&= -\frac{(-1)^{k-1}}{q_k(\alpha_{k+1} q_k + q_{k-1})}.
\end{aligned} \tag{4.2}$$

ここで床関数の定義から

$$\alpha_{k+1} q_k + q_{k-1} \geq a_{k+1} q_k + q_{k-1} = q_{k+1}$$

が成り立つことを使うと

$$\left| \alpha - \frac{p_k}{q_k} \right| \leq \frac{1}{q_k q_{k+1}}. \tag{4.3}$$

右辺は系 3.13 から $k \to \infty$ のとき 0 に収束する．以上より

$$\lim_{k \to \infty} [a_0; a_1, \ldots, a_k] = \lim_{k \to \infty} \frac{p_k}{q_k} = \alpha$$

がえられた．　　　　　　　　　　　　　　　　　　　□

定理 4.2 によって，α に対して，その連分数展開をおこない，
部分商の数列に対応させる写像

$$G : \mathbb{R} - \mathbb{Q} \longrightarrow \mathscr{S}, \quad \alpha \mapsto (a_n)_{n=0}^{\infty}$$

が定まり，この定理から合成写像 $F \circ G$ が $\mathbb{R} - \mathbb{Q}$ 上の恒等写

像であることがわかった.

定理 4.3. 定理 4.1 で決まった写像 $F : \mathscr{S} \longrightarrow \mathbb{R} - \mathbb{Q}$ は全単射である.

証明. 合成写像 $G \circ F$ が $\mathscr{S}$ 上の恒等写像であることを証明するのが残っている. $(a_0, a_1, \ldots) \in \mathscr{S}$ とし, 定理 4.1 で存在を示した極限を $\alpha = F(a_0, a_1, \ldots) = [a_0; a_1, \ldots]$ とする. $\alpha = \alpha_0$ に対して連分数展開アルゴリズム (定理 4.2) を適用して α_k を定めたとき, $\lfloor \alpha_k \rfloor = a_k$ となることを示せばよい. 連分数の定義にもどって計算すると,

$$
\begin{aligned}
\alpha &= \lim_{k \to \infty} [a_0; a_1, \ldots, a_k] \\
&= \lim_{k \to \infty} \left(a_0 + \frac{1}{[a_1; a_2, \ldots, a_k]} \right) \\
&= a_0 + \frac{1}{\lim_{k \to \infty} [a_1; a_2, \ldots, a_k]} \\
&= a_0 + \frac{1}{[a_1; a_2, \ldots]}.
\end{aligned}
$$

これから $a_0 = \lfloor \alpha \rfloor$ と $\alpha_1 = [a_1; a_2, \ldots]$ がえられる. 以下同様の計算で $a_k = \lfloor \alpha_k \rfloor$ がわかる. $\qquad \square$

以上の結果をまとめておこう.

定理 4.4. 任意の無理数は無限正則連分数として一意的に表される.

例 4.5. $\alpha = \sqrt{3}$ に定理 4.2 のアルゴリズムを適用し, その連分数展開を求めてみよう.

$$
a_0 = \lfloor \sqrt{3} \rfloor = 1, \qquad \alpha_1 = \frac{1}{\sqrt{3} - 1} = \frac{\sqrt{3} + 1}{2}.
$$

ここでは, あとの計算のために有理化をして α_1 の正確な値を求めている. 以下同様に

$$
a_1 = \left\lfloor \frac{\sqrt{3} + 1}{2} \right\rfloor = 1, \quad \alpha_2 = \frac{1}{\frac{\sqrt{3}+1}{2} - 1} = \sqrt{3} + 1,
$$

$$
a_2 = \lfloor \sqrt{3} + 1 \rfloor = 2, \quad \alpha_3 = \frac{1}{\sqrt{3} + 1 - 2} = \frac{\sqrt{3} + 1}{2} = \alpha_1.
$$

α_3 は α_1 に一致するので，これ以降は $a_3 = a_1$, $a_4 = a_2$ など
となるから，

$$\sqrt{3} = [1; 1, 2, 1, 2, \dots]$$

をえる．

$\sqrt{3}$ のように同じ整数が周期的に現れるような正則連分数を
循環連分数という．$\sqrt{3}$ における $1, 2$ のように周期的に現れ
る部分を**循環節**という．循環連分数は循環節の上に線を引き
$\sqrt{3} = [1; \overline{1, 2}]$ のように表す．

無限連分数 $[a_0; a_1, \dots]$ に対しても近似分数が定義 3.5 によって

$$\frac{p_k}{q_k} = [a_0; a_1, \dots, a_k]$$

で定義される．

問 4.1　$\sqrt{6}$ と $\sqrt{7}$ の連分数展開を求めよ．また最初の 4 つの近似分
数を求めよ．

問 4.2　円周率 π と自然対数の底 e の連分数展開を a_6 まで求めよ．
それぞれの数の近似値は

$$\pi = 3.14159265358979323846\dots$$
$$e = 2.718281828459045235 36\dots$$

である．また最初の 4 つの近似分数を求めよ[11]．

11) 小数計算は電卓でど
うぞ．

定理 4.1 の証明中の議論から近似分数による近似のよさを表
す次の系がえられる．

系 4.6. $k \geq 1$ のとき，α の連分数展開の k 番目の近似分数を
$\dfrac{p_k}{q_k}$ とすると，

$$\frac{1}{q_k q_{k+2}} < \left| \alpha - \frac{p_k}{q_k} \right| < \frac{1}{q_k q_{k+1}} < \frac{1}{{q_k}^2}.$$

証明. 右側の不等式は (4.3) と，$q_{k+1} > q_k$ (系 3.13) からわか
る．左側を示す．(4.2) において，

$$\alpha_{k+1} q_k + q_{k-1} < (a_{k+1}+1) q_k + q_{k-1} = q_{k+1} + q_k \leq a_{k+2} q_{k+1} + q_k = q_{k+2}$$

であるから，

$$\left| \alpha - \frac{p_k}{q_k} \right| > \frac{1}{q_k q_{k+2}}$$

となり左側の不等式が成り立つ. □

さらに次のこともいえる.

命題 4.7. α の任意の連続する 2 つの近似分数のうち 1 つは必ず

$$\left| \frac{p}{q} - \alpha \right| < \frac{1}{2q^2}$$

をみたす.

証明. α は必ず p_{n+1}/q_{n+1} と p_n/q_n の中間にある. よって

$$\left| \frac{p_{n+1}}{q_{n+1}} - \frac{p_n}{q_n} \right| = \left| \frac{p_{n+1}}{q_{n+1}} - \alpha \right| + \left| \frac{p_n}{q_n} - \alpha \right|.$$

今, 命題の主張が両方の近似分数について成り立たないとすると,

$$\frac{1}{q_n q_{n+1}} = \left| \frac{p_{n+1} q_n - p_n q_{n+1}}{q_n q_{n+1}} \right| = \left| \frac{p_{n+1}}{q_{n+1}} - \frac{p_n}{q_n} \right|$$

$$\geq \frac{1}{2q_n{}^2} + \frac{1}{2q_{n+1}{}^2} = \frac{q_{n+1}{}^2 + q_n{}^2}{2(q_n q_{n+1})^2}.$$

通分して, 分子を比較すると, これから $0 \geq (q_n - q_{n+1})^2$ がわかる. $n \geq 1$ なら系 3.13 から矛盾がえられる. したがって $n = 0$ でなくてはならない. このとき, さらに $a_1 = q_1 = q_0 = 1$ でなくてはならない. しかし, このときも

$$0 < \frac{p_1}{q_1} - \alpha < \frac{p_1}{q_1} - \frac{p_2}{q_2} = \frac{1}{1 + a_2} \leq \frac{1}{2}$$

であるから命題は成立している. □

連分数からえられる近似分数が無理数のよい有理数近似を与えるというのは次のような意味である. 例として

$$\sqrt{7} = 2.6457513\ldots$$

を考える. 問 4.1 で求めた連分数展開から 4 番目の近似分数を計算すると,

$$\frac{p_4}{q_4} = \frac{37}{14} = 2.6428\ldots.$$

近似誤差は系 4.6 により

$$\left|\sqrt{7} - \frac{37}{14}\right| < \frac{1}{14^2} < \frac{1}{100}.$$

同じ桁数の分母をもつ小数展開からえられる近似 $26/10 = 2.6$ で表わされる数は 2.55 以上 2.65 未満と考えられるから誤差は最大で 5/100 であり，これは連分数の近似分数からえられる上の誤差よりも大きい.

　この議論のように無理数の有理数近似の精度を考えるときには近似分数の分母に注目して考えるのが自然である．第 13 節でより発展的な議論を行うが，ここでは次の命題を示しておこう.

命題 4.8. $p_n/q_n \ (n > 1)$ を無理数 α の近似分数とする.

$$\frac{p}{q} \neq \frac{p_n}{q_n}, \quad 0 < q \leq q_n$$

をみたす任意の有理数 p/q に対して

$$|q\alpha - p| \geq |q_{n-1}\alpha - p_{n-1}| > |q_n\alpha - p_n|$$

が成立する．特に，

$$\left|\alpha - \frac{p}{q}\right| > \left|\alpha - \frac{p_n}{q_n}\right|$$

が成り立つ.

証明. 系 4.6 から，

$$|q_{n-1}\alpha - p_{n-1}| > \frac{1}{q_{n+1}} > |q_n\alpha - p_n|.$$

これで最初の式の右側の不等号が示された．左側の不等式を示そう．c, d を変数とする連立一次方程式

$$\begin{bmatrix} p_n & p_{n-1} \\ q_n & q_{n-1} \end{bmatrix} \begin{bmatrix} c \\ d \end{bmatrix} = \begin{bmatrix} p \\ q \end{bmatrix}$$

を考える．(3.3) から係数行列の行列式が $(-1)^{n+1}$ なので，整数解 c, d をもつ．これを解くと，

$$c = (-1)^{n+1}(pq_{n-1} - p_{n-1}q), \quad d = (-1)^{n+1}(p_nq - q_np).$$

命題の仮定から $d \neq 0$ である．また $c = 0$ ならば，連立一次方

程式から

$$|q\alpha - p| = |d(q_{n-1}\alpha - p_{n-1})| \geq |q_{n-1}\alpha - p_{n-1}|$$

が成り立つ.

よって以下では $c \neq 0$ とする. 仮定 $q_n > q = cq_n + dq_{n-1}$ から $(c-1)q_n + dq_{n-1} < 0$. ここで $q > 0$ により, c, d がともに負であることはないから, これから c, d は異符号であることがわかる. 一方 $q_n\alpha - p_n$ と $q_{n-1}\alpha - p_{n-1}$ も異符号である. したがって $c(q_n\alpha - p_n)$ と $d(q_{n-1}\alpha - p_{n-1})$ は同符号である. これから,

$$\begin{aligned} |q\alpha - p| &= |c(q_n\alpha - p_n) + d(q_{n-1}\alpha - p_{n-1})| \\ &> |d(q_{n-1}\alpha - p_{n-1})| \geq |q_{n-1}\alpha - p_{n-1}|. \end{aligned}$$

以上により, いずれの場合でも

$$|q\alpha - p| > |q_{n-1}\alpha - p_{n-1}|$$

が成り立つ. 最後の主張は $q \leq q_n$ を考えれば

$$\begin{aligned} \left|\alpha - \frac{p}{q}\right| &= \frac{1}{q}|q\alpha - p| > \frac{1}{q}|q_n\alpha - p_n| \\ &= \frac{q_n}{q}\left|\alpha - \frac{p_n}{q_n}\right| \geq \left|\alpha - \frac{p_n}{q_n}\right| \end{aligned}$$

によりわかる. $\qquad\qquad\qquad\qquad\qquad\qquad\Box$

条件

$$\frac{p}{q} \neq \frac{P}{Q}, \quad 0 < q \leq Q$$

をみたす任意の有理数 p/q に対して

$$\left|\alpha - \frac{p}{q}\right| > \left|\alpha - \frac{P}{Q}\right|$$

をみたす有理数 P/Q を α の**最良近似分数**とよぶ. この言葉を使えば, 連分数展開からえられる近似分数は最良近似分数である.

最初にも書いたように, 連分数の理論は無理数や分母の大きい有理数の簡単な有理数での近似を求めることに起源をもつ. その意味でこの命題は連分数の理論が十分にそれに答えたものであったことを示すものである.

この命題の応用として，命題 4.7 の逆にあたる命題を示すことができる.

命題 4.9. α を実数とし，既約分数であらわした有理数 p/q $(q > 0)$ が

$$\left| \alpha - \frac{p}{q} \right| < \frac{1}{2q^2}$$

をみたすならば，p/q は α の連分数展開からえられる近似分数である.

証明. 背理法で証明する. p_n/q_n を α の近似分数とし，任意の n について $p/q \neq p_n/q_n$ であると仮定する.

α が無理数なら，系 3.13 から，ある番号 N に対して，$q_N > q$ が成り立つ. 一方 α が有理数で，ある番号 N に対して $\alpha = p_N/q_N$ であるとすると，仮定より

$$\frac{1}{q_N} \leq \frac{|qp_N - pq_N|}{q_N} = |q\alpha - p| < \frac{1}{2q}.$$

したがって，この場合も $q_N > q$ が成り立つ. これから，$q_{n-1} < q < q_n$ をみたす自然数 n が存在する. 命題 4.8 と仮定から，

$$|q_{n-1}\alpha - p_{n-1}| \leq |q\alpha - p| < \frac{1}{2q}.$$

これを使うと，

$$\frac{1}{qq_{n-1}} \leq \frac{|qp_{n-1} - pq_{n-1}|}{qq_{n-1}} = \left| \frac{p_{n-1}}{q_{n-1}} - \frac{p}{q} \right|$$

$$\leq \left| \frac{p_{n-1}}{q_{n-1}} - \alpha \right| + \left| \alpha - \frac{p}{q} \right| < \frac{1}{2qq_{n-1}} + \frac{1}{2q^2}$$

がえられるが，これから $q < q_{n-1}$ が導かれ矛盾が生じる. $\qquad \square$

補注 4.10. 系 4.6 の主張の式で $\frac{1}{q_n q_{n+1}} < \frac{1}{q_n{}^2}$ の部分を

$$\frac{1}{q_n q_{n+1}} = \frac{1}{q_n(a_{n+1}q_n + q_{n-1})} < \frac{1}{a_{n+1}q_n{}^2}$$

に取り換えると，部分商 a_{n+1} が大きいと近似分数 p_n/q_n による近似がよいことがわかる. 問 4.2 で求めた円周率 π の連分数展開 $\pi = [3; 7, 15, 1, 292, \ldots]$ から

$$[3; 7, 15, 1] = \frac{355}{113}$$

をえる. 通常期待される評価は

$$\left| \pi - \frac{355}{113} \right| < \frac{1}{113^2}$$

だが, 今の場合

$$\left| \pi - \frac{355}{113} \right| < \frac{1}{292 \cdot 113^2}$$

により, ずっとよい近似値がえられる.

Ramanujan はこれを円積問題[12]に関連する $\sqrt{\pi}$ の近似に利用した[13]. Ramanujan の与えた近似は

12) 円積問題については 135 ページを参照せよ.
13) [6] にある記述を参考にした.

$$\sqrt{\pi} \approx \sqrt{\sqrt{\sqrt{\frac{2143}{22}}}}$$

であり, これは極めて良い近似になっている.

$$\sqrt{\pi} = 1.77245385090551602...$$

$$\sqrt{\sqrt{\sqrt{\frac{2143}{22}}}} = 1.77245385062140507...$$

これを Ramanujan は π^4 の連分数展開

$$\pi^4 = [97; 2, 2, 3, 1, 16539, 1, 6, 7, ...]$$

から

$$[97; 2, 2, 3, 1] = \frac{2143}{22}$$

が π^4 の非常によい近似になっていることを発見したのである.

このことはまた次のような逆方向の応用がある. 小数で与えられた $\alpha = 4.2075471698104792452830188679...$ が有理数であることが確からしいとする. α がどのような有理数かを有限桁の小数展開から決定することはできないが, もっともらしい値を連分数によって求めることができる. 連分数展開を求めると,

$$\alpha = [4; 4, 1, 4, 1, 1, 423047634, 1, 1, 1, \ldots].$$

α が有理数なら α と極めて近い近似分数が存在するであろう. それは他の数値とくらべると極端に大きい 423047634 のところであろうと推測される. 確かに

$$[4; 4, 1, 4, 1, 1] = \frac{223}{53} = 4.20754716981132075547\ldots$$

と α はとても近いといえるであろう.

連分数の実用的な応用としてよく取り上げられるのが 暦 (こよみ) の策定である. 太陽が一定の点に帰ってくるのにかかる太陽年はおよそ 365.242189 日である. そのために 1 年を 365 日と定めると毎年少しずつずれが生まれる. それを解消するために 閏 年 (うるう) が設定されるわけだが, 1582 年に制定され現在も多くの国で使われているグレゴリオ暦では

- 西暦が 4 でわり切れる年は基本的に閏年
- 西暦が 100 でわり切れる年は閏年にしない
- ただし西暦が 400 でわり切れる年は必ず閏年

というルールで閏を定めている. このルールによれば 400 年に 97 回の閏年があることになる. 1 年が 365 日だとすると 365.242189 − 365 = 0.242189 (日) 毎年ずれるわけだから, これに整数 n をかけたときに, 整数 m に近ければ, n 年に m 回閏年を作ればよいことになる. 0.242189... を連分数展開すると

$$0.242189\ldots = [0; 4, 7, 1, 3, 40, 2, 3, \ldots].$$

その 0 以外の近似分数は順に

$$\frac{1}{4}, \frac{7}{29}, \frac{8}{33}, \frac{31}{128}$$

これはそれぞれ 4 年に 1 度, 29 年に 7 回などとすると, 順にずれが少ないということを表している. 大きい部分商 40 の手前までとった 31/128 はより優れた近似で, これはグレゴリオ暦に対応する分数 97/400 よりも精度が高い. したがって 128 年に 31 回閏年を行うと, より太陽年に近いものになると考えられる[14].

14) 実際にはその手前の 8/33 も 97/400 より近似の精度がよく, 11 世紀のペルシャで使われた暦にはこれが採用されている.

5 ▶ 無理数に作用する群

　これまでの節でみたように，連分数の理論は行列の理論が密接に関係する．この行列との関係を詳しく調べるならば自然に群と，群の集合への作用という概念にいきつく．この節では連分数を通して，群とその集合への作用について慣れ親しむことが 1 つの目標である．

定義 5.1. 空でない集合 G に二項演算

$$\star \ : \ G \times G \longrightarrow G, \ (x, y) \mapsto x \star y$$

が定義されていて，次の 3 条件をみたすとき，G を**群**であるという．

(i) （結合法則） 任意の G の元 a, b, c に対して $(a \star b) \star c = a \star (b \star c)$ が成立する．

(ii) （単位元の存在） **単位元**とよばれる G の元 e が存在して，すべての $a \in G$ に対して，$a \star e = e \star a = a$ が成立する．

(iii) （逆元の存在） すべての $a \in G$ に対して，$a \star b = b \star a = e$ をみたす $b \in G$ が存在する．b を a の**逆元**という．a の逆元を a^{-1} で表す．

　連分数の理論で重要なのは次の群である．

定義 5.2. 整数係数の 2 次正則行列が行列の積に関してなす群

$$\mathrm{GL}_2(\mathbb{Z}) = \left\{ \begin{bmatrix} a & b \\ c & d \end{bmatrix} \ \middle| \ a, b, c, d \in \mathbb{Z}, \ ad - bc = \pm 1 \right\}$$

をユニモジュラー群とよぶ.

今の場合, 二項演算は行列の積 $(A, B) \mapsto AB$ である. これが二項演算になっていることは, $A, B \in \mathrm{GL}_2(\mathbb{Z})$ のとき, 行列式の性質により $|AB| = |A| \cdot |B| \in \{\pm 1\}$ が成り立つこと（命題 A.4）を使うと, $AB \in \mathrm{GL}_2(\mathbb{Z})$ となるのでわかる.

この集合が群になることは次のように示される. 結合法則 $(AB)C = A(BC)$ については行列の積が結合法則をみたすことからしたがう. 単位元は単位行列

$$E = \begin{bmatrix} 1 & 0 \\ 0 & 1 \end{bmatrix}$$

である. 実際, 任意の $\begin{bmatrix} a & b \\ c & d \end{bmatrix} \in \mathrm{GL}_2(\mathbb{Z})$ に対して

$$\begin{bmatrix} a & b \\ c & d \end{bmatrix} \begin{bmatrix} 1 & 0 \\ 0 & 1 \end{bmatrix} = \begin{bmatrix} 1 & 0 \\ 0 & 1 \end{bmatrix} \begin{bmatrix} a & b \\ c & d \end{bmatrix} = \begin{bmatrix} a & b \\ c & d \end{bmatrix}$$

が成り立つ. また任意の $A = \begin{bmatrix} a & b \\ c & d \end{bmatrix} \in \mathrm{GL}_2(\mathbb{Z})$ に対して

$$B = \frac{1}{ad - bc} \begin{bmatrix} d & -b \\ -c & a \end{bmatrix}$$

は, $ad - bd = \pm 1$ であるから $B \in \mathrm{GL}_2(\mathbb{Z})$ であり,

$$AB = \frac{1}{ad - bc} \begin{bmatrix} a & b \\ c & d \end{bmatrix} \begin{bmatrix} d & -b \\ -c & a \end{bmatrix} = E.$$

また, 同様に $BA = E$ が確かめられるから, B は A の逆元である. A の逆元 B を A の**逆行列**とよび A^{-1} と表記する（命題 A.2）.

以下では, 一般の群の積を $a \star b$ を, 単に ab で表す.

群を考える1つの大きな理由に, 群の集合への作用を考えると, 群によって集合が分類されるということがある. 私たちがそれを考えるのは無理数の分類という目標があるからである.

定義 5.3. G を群, S を集合とする. すべての $g \in G$ と

$x \in S$ に対して gx と書かれる S の元が決まって, すべての $g, h \in G$ と $x \in S$ に対して

(i) G の単位元 $e \in G$ に対して $ex = x$

(ii) $(gh)x = g(hx)$

が成り立っているとき群 G は集合 S に**作用する**という.

命題 5.4. 群 G が集合 S に作用しているとする. $x, y \in S$ に対して

$$x \sim y \Longleftrightarrow y = gx \text{ をみたす } g \in G \text{ がある}$$

と定義すると $\sim$ は S 上の同値関係になる. $x \in S$ を含む同値類は

$$\mathrm{Orb}(x) = \{y \in S \mid x \sim y\} = \{gx \mid g \in G\}$$

であり, この作用による x の**軌道**という.

証明. $x, y, z \in X$, $g, h \in G$ とする. 定義 5.3 の (i) から $x = ex$ だから $x \sim x$. また $y = gx$ ならば, 両辺に g^{-1} を作用させて定義 5.3 の (ii) を使うと $g^{-1}y = g^{-1}(gx) = (g^{-1}g)x = ex = x$. これから $y \sim x$. 最後に $y = gx, z = hy$ が成り立っているとすると $z = h(gx) = (hg)x$ によって $x \sim z$. 以上で $\sim$ が同値関係であることがわかった. $\qquad\square$

群 G が集合 S に作用していると, 命題 5.4 により S 上の同値関係が定まり, S はいくつかの軌道（同値類）の交わりのない和集合として表される.

$$S = \bigsqcup_x \mathrm{Orb}(x).$$

私たちが興味があるのはユニモジュラー群 $G = \mathrm{GL}_2(\mathbb{Z})$ の無理数の集合 $S = \mathbb{R} - \mathbb{Q}$ への作用である. その作用を次のように定める. $A = \begin{bmatrix} a & b \\ c & d \end{bmatrix} \in \mathrm{GL}_2(\mathbb{Z})$ と $\alpha \in \mathbb{R} - \mathbb{Q}$ に対して,

$$A\alpha := \frac{a\alpha + b}{c\alpha + d}. \tag{5.1}$$

左辺は行列を無理数にかけるのではなく，右辺の分数式のこと
を $A\alpha$ と書くのである．

命題 5.5. (5.1) により $\mathrm{GL}_2(\mathbb{Z})$ は $\mathbb{R} - \mathbb{Q}$ に作用する．

証明. $\alpha \in \mathbb{R} - \mathbb{Q}$ とする．このとき $A\alpha$ が実数であることは明
らか．もし $A\alpha$ が有理数であるとすると，逆に解いて

$$\alpha = \frac{d(A\alpha) - b}{-c(A\alpha) + a}$$

も有理数になり矛盾がでる．したがって $A\alpha$ は無理数である．

　あとは定義 5.3 の 2 条件を確かめればよい．$\mathrm{GL}_2(\mathbb{Z})$ の単位
元は単位行列 E であるから，(i) は

$$E\alpha = \frac{1 \cdot \alpha + 0}{0 \cdot \alpha + 1} = \alpha$$

から成立する．(ii) の成立を確かめるのは問とする． □

問 5.1 (5.1) の定義が定義 5.3 (ii) をみたすことを示せ．すなわち，
$A, B \in \mathrm{GL}_2(\mathbb{Z})$ に対して

$$(AB)\alpha = A(B\alpha)$$

を示せ．

補注 5.6. $A = \begin{bmatrix} a & b \\ c & d \end{bmatrix} \in \mathrm{GL}_2(\mathbb{Z})$ とすると，

$$(-A)\alpha = \frac{-a\alpha - b}{-c\alpha - d} = \frac{a\alpha + b}{c\alpha + d} = A\alpha$$

であるから，A と $-A$ は同じ作用を与える[15]．$\beta = A\alpha$ な
ら，逆行列 A^{-1} を両辺に作用させると，$\alpha = A^{-1}\beta$ だが，
$A^{-1}\beta = -A^{-1}\beta$ だから，

$$\alpha = \begin{bmatrix} d & -b \\ -c & a \end{bmatrix} \beta$$

としてよく，$\det A = ad - bc$ の符号の曖昧さが作用としては
なくなる．

　この作用を使って，2 つの無理数が同値であることを命題 5.4

[15] 群論を知っている
人のために書くと，実際
は剰余群 $\mathrm{PGL}_2(\mathbb{Z}) = \mathrm{GL}_2(\mathbb{Z})/\{\pm E\}$ が作用
していることになる．

にならって次のように定める.

定義 5.7. 無理数 $\alpha, \beta \in \mathbb{R} - \mathbb{Q}$ は $\alpha = A\beta$ をみたす行列 $A \in \mathrm{GL}_2(\mathbb{Z})$ が存在するとき**同値**であるといい, $\alpha \sim \beta$ で表す.

この作用と連分数の関係は次の関係式で与えられる.

命題 5.8.

$$[a_0; a_1, \ldots, a_k, \alpha] = \begin{bmatrix} a_0 & 1 \\ 1 & 0 \end{bmatrix} \begin{bmatrix} a_1 & 1 \\ 1 & 0 \end{bmatrix} \cdots \begin{bmatrix} a_k & 1 \\ 1 & 0 \end{bmatrix} \alpha.$$

証明. 数列 (a_n) に対し, (p_n), (q_n) を命題 3.7 で定義した数列とすると, (3.1) 式から,

$$\begin{aligned}
[a_0; a_1, \ldots, a_k, \alpha] &= \frac{p_k \alpha + p_{k-1}}{q_k \alpha + q_{k-1}} \\
&= \begin{bmatrix} p_k & p_{k-1} \\ q_k & q_{k-1} \end{bmatrix} \alpha \quad \because \text{作用の定義 (5.1)} \\
&= \begin{bmatrix} a_0 & 1 \\ 1 & 0 \end{bmatrix} \begin{bmatrix} a_1 & 1 \\ 1 & 0 \end{bmatrix} \cdots \begin{bmatrix} a_k & 1 \\ 1 & 0 \end{bmatrix} \alpha \quad \because (3.2).
\end{aligned}$$

$\square$

また近似分数と行列の関係を与える系 3.9 はこの作用を使って次のように定式化できる.

$c \neq 0$ なら

$$A = \begin{bmatrix} a & b \\ c & d \end{bmatrix} \text{ に対して } \frac{a}{c} = \lim_{\alpha \to \infty} A\alpha.$$

この式の右辺を $A\infty$ と書くことにすると, 系 3.9 は

$$\frac{p_k}{q_k} = [a_0 : a_1, a_2, \ldots, a_k] = \begin{bmatrix} a_0 & 1 \\ 1 & 0 \end{bmatrix} \begin{bmatrix} a_1 & 1 \\ 1 & 0 \end{bmatrix} \cdots \begin{bmatrix} a_k & 1 \\ 1 & 0 \end{bmatrix} \infty \quad (5.2)$$

と表せる. $c \neq 0$ のときは, A の有理数の集合 $\mathbb{Q}$ への作用も

$$A\left(-\frac{d}{c}\right) = \infty$$

と決めておけば, 他の有理数については (5.1) で自然に定まる.

また$c = 0$のときは$A\infty = \infty$と定めておく[16].

例 5.9. $\sqrt{3}$の連分数展開は$\sqrt{3} = [1; 1, 2, 1, 2, \ldots] = [1; \overline{1, 2}]$であった. $\alpha = [\overline{1, 2}]$[17]とおくと,

$$\sqrt{3} = \begin{bmatrix} 1 & 1 \\ 1 & 0 \end{bmatrix} \alpha$$

と表される. したがって, 命題5.8から

$$\begin{bmatrix} 3 & 1 \\ 1 & 0 \end{bmatrix} \sqrt{3} = [3; 1, \overline{1, 2}], \qquad \begin{bmatrix} 4 & 1 \\ 1 & 0 \end{bmatrix} \begin{bmatrix} 3 & 1 \\ 1 & 0 \end{bmatrix} \sqrt{3} = [4; 3, 1, \overline{1, 2}],$$

$$\begin{bmatrix} 1 & 1 \\ 1 & 0 \end{bmatrix}^{-1} \sqrt{3} = [\overline{1, 2}], \qquad\qquad \begin{bmatrix} 1 & 1 \\ 1 & 0 \end{bmatrix}^{-2} \sqrt{3} = [\overline{2, 1}]$$

などが連分数展開を計算することなくえられる.

問 5.2 次の無理数の連分数展開を求めよ.

(i) $\sqrt{11}$ (ii) $\begin{bmatrix} 7 & 1 \\ 1 & 0 \end{bmatrix} \sqrt{11}$

(iii) $\begin{bmatrix} 5 & 1 \\ 1 & 0 \end{bmatrix} \begin{bmatrix} 7 & 1 \\ 1 & 0 \end{bmatrix} \sqrt{11}$ (iv) $\begin{bmatrix} 3 & 1 \\ 1 & 0 \end{bmatrix}^{-1} \sqrt{11}$

次の定理は$\mathrm{GL}_2(\mathbb{Z})$の作用による軌道（同値類）の連分数による特徴づけを与える.

定理 5.10. $\alpha = [a_0; a_1, \ldots], \beta = [b_0; b_1, \ldots] \in \mathbb{R} - \mathbb{Q}$とする. このとき$\alpha$と$\beta$が同じ軌道に属するための必要十分条件[18]は,

$$[a_m; a_{m+1}, \ldots] = [b_n; b_{n+1}, \ldots]$$

が成り立つような$m, n \in \mathbb{N}$が存在することである.

定理の証明の前に次の補題を証明する.

補題 5.11. $A = \begin{bmatrix} a & b \\ c & d \end{bmatrix} \in \mathrm{GL}_2(\mathbb{Z})$が$c > d > 0$をみたしているとする. このとき

16) 射影幾何を知っている方のための注意. この行列の作用は$\mathbb{R}$に$\mathrm{GL}_2(\mathbb{Z})$が作用しているとみるのではなく, $\mathbb{R}$上の射影直線に$\mathrm{PGL}_2(\mathbb{Z})$が作用しているとみるのほうが自然である.

17) 連分数$[1; 2, \overline{1; 2}]$のように循環節が最初から始まる場合は, セミコロンを省略して$[\overline{1, 2}]$と書くことにする.

18) つまりαとβが同値になるための条件.

$$A = \begin{bmatrix} c_0 & 1 \\ 1 & 0 \end{bmatrix} \cdots \begin{bmatrix} c_k & 1 \\ 1 & 0 \end{bmatrix}$$

をみたす $c_0 \in \mathbb{Z}, c_1, \dots, c_k \in \mathbb{N}$ が存在する.

証明. $\det A = ad - bc = \pm 1$ より $(a, c) = 1$ である. 有理数 $\dfrac{a}{c}$ を連分数展開して,

$$\frac{a}{c} = [c_0; c_1, \dots, c_k]$$

と書く. 定理 3.17 から $c_k \geq 2$ と仮定してよい. この連分数の近似分数を p_k/q_k とすると, (3.2) 式により,

$$\begin{bmatrix} p_k & p_{k-1} \\ q_k & q_{k-1} \end{bmatrix} = \begin{bmatrix} c_0 & 1 \\ 1 & 0 \end{bmatrix} \cdots \begin{bmatrix} c_k & 1 \\ 1 & 0 \end{bmatrix}.$$

このとき

$$A = \begin{bmatrix} p_k & p_{k-1} \\ q_k & q_{k-1} \end{bmatrix}$$

が成り立つことを示そう.

$[c_0; c_1, \dots, c_k] = p_k/q_k$ が成り立つが, $c > 0$ より $a = p_k$, $c = q_k$ でなくてはならない. 命題 3.11 から $ad - bc = \pm 1 = \pm(p_k q_{k-1} - p_{k-1} q_k)$ が成り立っているが, 必要ならば上の連分数展開の最後を $[\dots, c_k - 1, 1]$ とすることによって, $ad - bc = p_k q_{k-1} - p_{k-1} q_k$ が成り立っているとしてよい. このとき,

$$p_k(d - q_{k-1}) = q_k(b - p_{k-1}).$$

$(p_k, q_k) = 1$ より $q_k \mid (d - q_{k-1})$. もし $d - q_{k-1} \geq 0$ なら, 仮定より

$$d - q_{k-1} < c - q_{k-1} = q_k - q_{k-1} < q_k.$$

また $d - q_{k-1} \leq 0$ なら,

$$0 \leq q_{k-1} - d < q_{k-1} < q_k.$$

よっていずれの場合も $|d - q_{k-1}| < q_k$. したがって $d - q_{k-1}$ は絶対値が q_k より小さい q_k の倍数になるから, $d - q_{k-1} = 0$.

すなわち $q_{k-1} = d$ がえられた．これから $b = p_{k-1}$ もしたがう．□

定理 5.10 の証明. $\alpha_m = [a_m; a_{m+1}, \ldots], \beta_n = [b_n; b_{n+1}, \ldots]$ とおき，$\alpha_m = \beta_n$ であると仮定する．$\alpha = [a_0; a_1, \ldots, a_{m-1}, \alpha_m]$，また $\beta = [b_0; b_1, \ldots, b_{n-1}, \beta_n]$ であるから，この有限連分数に対応する行列は，命題 5.8 によって

$$\alpha = \begin{bmatrix} p_{m-1} & p_{m-2} \\ q_{m-1} & q_{m-2} \end{bmatrix} \alpha_m = \begin{bmatrix} a_0 & 1 \\ 1 & 0 \end{bmatrix} \cdots \begin{bmatrix} a_{m-1} & 1 \\ 1 & 0 \end{bmatrix} \alpha_m,$$

$$\beta = \begin{bmatrix} p_{n-1}' & p_{n-2}' \\ q_{n-1}' & q_{n-2}' \end{bmatrix} \beta_n = \begin{bmatrix} b_0 & 1 \\ 1 & 0 \end{bmatrix} \cdots \begin{bmatrix} b_{n-1} & 1 \\ 1 & 0 \end{bmatrix} \beta_n.$$

ここに出てくる行列はすべて $\mathrm{GL}_2(\mathbb{Z})$ の元であることに注意する．第 2 式から

$$\beta_n = \begin{bmatrix} b_{n-1} & 1 \\ 1 & 0 \end{bmatrix}^{-1} \cdots \begin{bmatrix} b_0 & 1 \\ 1 & 0 \end{bmatrix}^{-1} \beta.$$

これを第 1 式の α_m に代入すると，

$$\alpha = \begin{bmatrix} a_0 & 1 \\ 1 & 0 \end{bmatrix} \cdots \begin{bmatrix} a_{m-1} & 1 \\ 1 & 0 \end{bmatrix} \begin{bmatrix} b_{n-1} & 1 \\ 1 & 0 \end{bmatrix}^{-1} \cdots \begin{bmatrix} b_0 & 1 \\ 1 & 0 \end{bmatrix}^{-1} \beta.$$

これは α と β が同じ軌道に入ることを示す．

逆向きを証明する．α と β が同じ軌道に入っているので，$\alpha = A\beta$ をみたす $A = \begin{bmatrix} a & b \\ c & d \end{bmatrix} \in \mathrm{GL}_2(\mathbb{Z})$ が存在する．必要なら A を $-A$ ととり直すことによって $c\beta + d > 0$ と仮定してよい（補注 5.6 参照）．このとき前半の記号で

$$\alpha = A\beta = \begin{bmatrix} a & b \\ c & d \end{bmatrix} \begin{bmatrix} p_{n-1}' & p_{n-2}' \\ q_{n-1}' & q_{n-2}' \end{bmatrix} \beta_n.$$

ここで

$$\begin{bmatrix} a' & b' \\ c' & d' \end{bmatrix} := \begin{bmatrix} a & b \\ c & d \end{bmatrix} \begin{bmatrix} p_{n-1}' & p_{n-2}' \\ q_{n-1}' & q_{n-2}' \end{bmatrix}$$

において n をうまくとると，$c' > d' > 0$ をみたすようにできることを証明しよう．

$$c' = cp_{n-1}{}' + dq_{n-1}{}' = q_{n-1}{}'\left(c\frac{p_{n-1}{}'}{q_{n-1}{}'} + d\right),$$

$$d' = cp_{n-2}{}' + dq_{n-2}{}' = q_{n-2}{}'\left(c\frac{p_{n-2}{}'}{q_{n-2}{}'} + d\right).$$

数列 $(p_n{}'/q_n{}')$ は左右から β に収束するから, $(c(p_n{}'/q_n{}') + d)$ は $c\beta + d > 0$ に収束する. したがって n を十分大きくとると, $c', d' > 0$ とできる. また

$$
\begin{aligned}
c' - d' &= q_{n-1}{}'\left(c\frac{p_{n-1}{}'}{q_{n-1}{}'} + d\right) - q_{n-2}{}'\left(c\frac{p_{n-2}{}'}{q_{n-2}{}'} + d\right) \\
&> q_{n-1}{}'\left(c\frac{p_{n-1}{}'}{q_{n-1}{}'} + d\right) - q_{n-1}{}'\left(c\frac{p_{n-2}{}'}{q_{n-2}{}'} + d\right) \\
&= cq_{n-1}{}'\left(\frac{p_{n-1}{}'}{q_{n-1}{}'} - \frac{p_{n-2}{}'}{q_{n-2}{}'}\right) \\
&= \frac{c}{q_{n-2}{}'}(p_{n-1}{}'q_{n-2}{}' - p_{n-2}{}'q_{n-1}{}') = \frac{(-1)^{n-2}c}{q_{n-2}{}'}
\end{aligned}
$$

よって n の偶奇を $(-1)^{n-2}c > 0$ となるように選べば $c' > d'$ となる.

以上で n をうまくとって, A をとり直すことにより,

$$\alpha = \begin{bmatrix} a & b \\ c & d \end{bmatrix}\beta_n, \quad (c > d > 0)$$

が成り立っていることがわかった. 補題 5.11 を使うと,

$$A = \begin{bmatrix} c_0 & 1 \\ 1 & 0 \end{bmatrix} \cdots \begin{bmatrix} c_k & 1 \\ 1 & 0 \end{bmatrix}$$

となるような $c_0 \in \mathbb{Z}$ と $c_1, \ldots, c_k \in \mathbb{N}$ が存在することがわかる.

よって $\beta_n > 1$ に注意すると $\alpha = A\beta_n$ の連分数展開は

$$\alpha = A\beta_n = \begin{bmatrix} c_0 & 1 \\ 1 & 0 \end{bmatrix} \cdots \begin{bmatrix} c_k & 1 \\ 1 & 0 \end{bmatrix}\beta_n = [c_0; c_1, \ldots, c_k, \beta_n]$$

である. $m = k + 1$ ととれば, $\alpha_m = \beta_n$ をえる. $\qquad\Box$

例 5.12. $\sqrt{3} = [1; 1, 2, 1, 2, \ldots] = [1; \overline{1, 2}]$ であった. いろいろな $\mathrm{GL}_2(\mathbb{Z})$ の元を作用させても, 同じ軌道に入るので, やがて

$1, 2$ の循環節が現れる. 実際 $\mathrm{GL}_2(\mathbb{Z})$ のいろいろな元を作用させて連分数を計算すると次のようになる.

$$\begin{bmatrix} 0 & 1 \\ 1 & 1 \end{bmatrix} \sqrt{3} = [0; 2, \overline{1, 2}], \qquad \begin{bmatrix} 1 & 0 \\ 1 & -1 \end{bmatrix} \sqrt{3} = [2; 2, \overline{1, 2}],$$

$$\begin{bmatrix} 1 & 2 \\ 0 & 1 \end{bmatrix} \sqrt{3} = [3; \overline{1, 2}], \qquad \begin{bmatrix} -1 & 1 \\ 1 & 0 \end{bmatrix} \sqrt{3} = [-1; 1, \overline{1, 2}],$$

$$\begin{bmatrix} 1 & 1 \\ 1 & 0 \end{bmatrix} \sqrt{3} = [1; 1, \overline{1, 2}], \qquad \begin{bmatrix} -4 & 1 \\ -11 & 3 \end{bmatrix} \sqrt{3} = [0; 2, 1, 3, 1, \overline{1, 2}].$$

問 5.3　$\alpha_1 = [3; \overline{2, 1, 2}], \alpha_2 = [1; 4, \overline{2, 1, 2}]$ とする. $\alpha_1 = A\alpha_2$ をみたす $A \in \mathrm{GL}_2(\mathbb{Z})$ を求めよ.

6 循環連分数

本節では循環連分数について調べる．そのためにその正確な定義を最初にしよう．

定義 6.1. $[a_0; a_1, \ldots, a_{k-1}, a_k, \ldots, a_{k+t-1}, a_k, \ldots, a_{k+t-1}, \ldots]$ のようにあるところから先の部分商が循環して現れるような連分数を**循環連分数**といい

$$[a_0; a_1, \ldots, a_{k-1}, \overline{a_k, \ldots, a_{k+t-1}}]$$

と表す．循環する数列 $(a_k, \ldots, a_{k+t-1})$ を循環連分数の**循環節**という．ここで t を最小正のものをとったときの循環節の長さ t を，循環連分数の**周期**という．特に循環節が a_0 から始まるとき，**純循環連分数**という．

この節では循環連分数展開をもつ実数を特徴づける次の Lagrange による定理を証明する．

定理 6.2（Lagrange）. 無理数 α の連分数展開が循環連分数になるための必要十分条件は α が整数係数の 2 次方程式の無理数解になることである（このような無理数を **2 次無理数**とよぶ）．

この定理の証明をするために 2 次無理数について調べておく．α を 2 次無理数とする．α は整数係数の 2 次方程式 $ax^2 + bx + c = 0$ $(a, b, c \in \mathbb{Z})$ の解である．$(a, b, c) = 1, a > 0$ と仮定しても一般性を失わない．2 次方程式の解の公式から，2 次無理数は具体的には

$$\alpha = \frac{-b \pm \sqrt{b^2 - 4ac}}{2a}$$

の形をした数である.

$$D = D(\alpha) = b^2 - 4ac$$

を 2 次無理数 α の**判別式**という. 今は実数の無理数だけを考えているので $D > 0$ を仮定する. また α は無理数なので, D は平方数[19] ではない.

問 6.1 D が平方数ではない正の整数であるとき, $\sqrt{D}$ が 2 次無理数であることを証明せよ.

補題 6.3. 平方数でない自然数を D とする. D がある 2 次無理数の判別式になるための必要十分条件は D が

$$D \equiv 0 \text{ または } 1 \pmod{4}$$

をみたすことである[20].

証明. D が 2 次無理数の判別式であるとする.

$$D = b^2 - 4ac \equiv \begin{cases} 0 \pmod{4}, & b \text{ が偶数のとき}, \\ 1 \pmod{4}, & b \text{ が奇数のとき}. \end{cases}$$

逆に $D \equiv 0 \pmod{4}$ とする. 偶数 b をとると $D - b^2 \equiv 0 \pmod{4}$ が成り立つ. このとき $a = 1$, $c = (b^2 - D)/4$ とすると, $(a, b, c) = 1$ かつ $D = b^2 - 4ac$ が成り立ち $(-b + \sqrt{D})/2$ は判別式 D の 2 次無理数となる. また $D \equiv 1 \pmod{4}$ ならば, 奇数 b をとると $D - b^2 \equiv 0 \pmod{4}$ がみたされる. 再び $a = 1$, $c = (b^2 - D)/4$ とすれば判別式 D の 2 次無理数 $(-b + \sqrt{D})/2$ ができる. □

定義からすぐにわかり, 証明中にも使われた合同式

$$D \equiv b \pmod{2} \tag{6.1}$$

はしばしば用いられる.

平方数でない正の整数 D を 1 つ固定して, 集合

$$\mathbb{Q}(\sqrt{D}) = \left\{ a + b\sqrt{D} \mid a, b \in \mathbb{Q} \right\}$$

19) 整数 a を使って a^2 と表される数を**平方数**という.

20) 合同式の定義は既知であろうが, 念のために書いておく. n を自然数とする. 2 つの整数 a, b が n を法として合同であるとは, $a - b$ が n の倍数になることである. このとき

$$a \equiv b \pmod{n}$$

と表す. これは a, b をそれぞれ n でわったときのあまりが等しいといっても同じことである. 法 n で合同であることは有理整数環 $\mathbb{Z}$ 上の同値関係になる.

を考える.

命題 6.4. $\mathbb{Q}(\sqrt{D})$ は体である.

証明. 集合 $\mathbb{Q}(\sqrt{D})$ が四則について閉じていることを確かめればよい. 有理数 a_1, b_1, a_2, b_2 を使って, $\alpha = a_1 + b_1\sqrt{D}$, $\beta = a_2 + b_2\sqrt{D} \in \mathbb{Q}(\sqrt{D})$ としたとき, $\alpha + \beta, \alpha - \beta, \alpha\beta \in \mathbb{Q}(\sqrt{D})$ となることはやさしいので問とする. $\beta \neq 0$ とする. α を β でわり算するには, β の逆数 $1/\beta$ が $\mathbb{Q}(\sqrt{D})$ の中に存在することをいえばよい. 有理化の操作を使うと

$$\frac{1}{\beta} = \frac{1}{a_2 + b_2\sqrt{D}} = \frac{a_2 - b_2\sqrt{D}}{a_2{}^2 - Db_2{}^2}$$
$$= \frac{a_2}{a_2{}^2 - Db_2{}^2} - \frac{b_2}{a_2{}^2 - Db_2{}^2}\sqrt{D} \in \mathbb{Q}(\sqrt{D})$$

となり逆数 $1/\beta$ が $\mathbb{Q}(\sqrt{D})$ の中にあることがわかった. □

問 6.2 命題 6.4 の証明中の

$$\alpha + \beta, \ \alpha - \beta, \ \alpha\beta \in \mathbb{Q}(\sqrt{D})$$

を確かめよ.

D を平方数でない自然数とするとき, $\mathbb{Q}(\sqrt{D})$ の形をしている体を **2 次体**という.

補注 6.5. 2 次体 $\mathbb{Q}(\sqrt{D})$ の定義から, 包含関係 $\mathbb{Q} \subset \mathbb{Q}(\sqrt{D}) \subset \mathbb{R}$ が成り立つ. このような状況を $\mathbb{Q}(\sqrt{D})$ は $\mathbb{Q}$ の**拡大体**である. また $\mathbb{Q}(\sqrt{D})$ は $\mathbb{R}$ の**部分体**であるという.

α が 2 次体 $\mathbb{Q}(\sqrt{D})$ の元で有理数でなければ

$$\alpha = a_1 + a_2\sqrt{D} \quad (a_1, a_2(\neq 0) \in \mathbb{Q})$$

と書けるので, α は 2 次無理数となる. つまり 2 次体の有理数でない元は 2 次無理数である. このように 2 次無理数はいずれかの 2 次体をすみかとしている.

定義 6.6. 2 次無理数 $\alpha = a_1 + a_2\sqrt{D}$ に対して, その<ruby>共役<rt>きょうやく</rt></ruby>（2 次無理数）を $\alpha' = a_1 - a_2\sqrt{D}$ と定義する. 解の公式から,

α が2次無理数ならば α' は α のみたす2次方程式のもう1つの解になる. すなわち $ax^2 + bx + c$ が α を根にもつ整数係数の多項式なら,

$$ax^2 + bx + c = a(x - \alpha)(x - \alpha')$$

が成り立つ. 特に, α とその共役 α' の判別式は等しい

$$D(\alpha) = D(\alpha').$$

問 6.3 $\alpha, \beta \in \mathbb{Q}(\sqrt{D})$ とするとき, 以下が成立することを示せ.

(i) $\alpha \in \mathbb{Q}$ であるための必要十分条件は $\alpha = \alpha'$ が成立することである.

(ii) $(\alpha + \beta)' = \alpha' + \beta'$

(iii) $(\alpha - \beta)' = \alpha' - \beta'$

(iv) $(\alpha\beta)' = \alpha'\beta'$

(v) $\beta \neq 0$ のとき, $\left(\dfrac{\alpha}{\beta}\right)' = \dfrac{\alpha'}{\beta'}$.

問 6.4 α の判別式は行列式

$$a^2 \begin{vmatrix} 1 & \alpha \\ 1 & \alpha' \end{vmatrix}^2$$

に等しいことを示せ.

定義 6.7. I_2 で2次無理数の全体の集合を表す. また $I_2(D)$ を判別式 D の2次無理数全体の集合とする.

I_2 は $I_2(D)$ たちの交わりのない和集合になっている.

$$I_2 = \bigsqcup_{D \text{ は平方数でない自然数}} I_2(D).$$

補題 6.8. $\mathrm{GL}_2(\mathbb{Z})$ の $\mathbb{R} - \mathbb{Q}$ への作用は I_2 および $I_2(D)$ への作用を誘導する.

ここで「誘導する」という言葉の意味を述べておく. 命題 5.5

により $\mathrm{GL}_2(\mathbb{Z})$ は無理数の集合 $\mathbb{R} - \mathbb{Q}$ に作用していたが，その作用する対象を部分集合 I_2 または $I_2(D)$ に制限してもやはり作用になっているということである．すなわち $A \in \mathrm{GL}_2(\mathbb{Z})$ に対して，

$$\alpha \in I_2 \Longrightarrow A\alpha \in I_2$$
$$\alpha \in I_2(D) \Longrightarrow A\alpha \in I_2(D)$$

がここで証明したいことである．

補題 6.8 の証明. I_2 は $I_2(D)$ たちの和集合であるから，$I_2(D)$ について証明すれば十分である．$\alpha \in I_2(D)$ とし，α は整数係数の多項式

$$ax^2 + bx + c, \ (a,b,c) = 1 \tag{6.2}$$

の根であるとする．$A = \begin{bmatrix} s & t \\ u & v \end{bmatrix} \in \mathrm{GL}_2(\mathbb{Z})$ に対し $\beta = A\alpha$ とする．α が無理数で $\mathrm{GL}_2(\mathbb{Z})$ は無理数の集合に作用していたから，β は無理数である．α について解くと，

$$\alpha = A^{-1}\beta = \frac{v\beta - t}{-u\beta + s}$$

となる．これを (6.2) に代入して分母 $-u\beta + s$ をはらうと，

$$a(v\beta - t)^2 + b(-u\beta + s)(v\beta - t) + c(-u\beta + s)^2 = 0.$$

整理して，

$$(av^2 + cu^2 - buv)\beta^2 + (-2atv + bsv + but - 2csu)\beta + at^2 + cs^2 - bst = 0.$$

β は整数係数の 2 次方程式をみたすので 2 次無理数である．この β のみたす多項式の係数を

$$a' = av^2 + cu^2 - buv$$
$$b' = -2atv + bsv + but - 2csu$$
$$c' = at^2 + cs^2 - bst$$

とおくと[21]

$$a'x^2 + b'x + c' = 0$$

が β のみたす方程式である.

　この方程式の判別式は次のように問 6.4 を使って計算すると見通しがよい. 上の方程式は $\beta = A\alpha$ とその共役 $\beta' = A\alpha'$ を根にもつ.

$$\begin{vmatrix} 1 & A\alpha \\ 1 & A\alpha' \end{vmatrix} = \begin{vmatrix} 1 & \frac{s\alpha+t}{u\alpha+v} \\ 1 & \frac{s\alpha'+t}{u\alpha'+v} \end{vmatrix} = \frac{1}{(u\alpha+v)(u\alpha'+v)} \begin{vmatrix} u\alpha+v & s\alpha+t \\ u\alpha'+v & s\alpha'+t \end{vmatrix}.$$

ここで，解と係数の関係より

$$\begin{aligned} (u\alpha+v)(u\alpha'+v) &= u^2\alpha\alpha' + uv(\alpha+\alpha') + v^2 \\ &= u^2\frac{c}{a} - uv\frac{b}{a} + v^2 \\ &= \frac{1}{a}(av^2 - buv + cu^2) = \frac{a'}{a}. \end{aligned}$$

また，行列式の性質（命題 A.5）を使うと，

$$\begin{aligned} \begin{vmatrix} u\alpha+v & s\alpha+t \\ u\alpha'+v & s\alpha'+t \end{vmatrix} &= \begin{vmatrix} u\alpha & s\alpha \\ u\alpha' & s\alpha' \end{vmatrix} + \begin{vmatrix} u\alpha & t \\ u\alpha' & t \end{vmatrix} + \begin{vmatrix} v & s\alpha \\ v & s\alpha' \end{vmatrix} + \begin{vmatrix} v & t \\ v & t \end{vmatrix} \\ &= ut\begin{vmatrix} \alpha & 1 \\ \alpha' & 1 \end{vmatrix} + sv\begin{vmatrix} 1 & \alpha \\ 1 & \alpha' \end{vmatrix} = (sv - ut)\begin{vmatrix} 1 & \alpha \\ 1 & \alpha' \end{vmatrix}. \end{aligned}$$

問 6.4 から $\beta = A\alpha$ の判別式は

$$\begin{aligned} D(\beta) = b'^2 - 4a'c' &= a'^2 \begin{vmatrix} 1 & \beta \\ 1 & \beta' \end{vmatrix}^2 \\ &= a'^2 \begin{vmatrix} 1 & A\alpha \\ 1 & A\alpha' \end{vmatrix}^2 = (sv - ut)^2 a^2 \begin{vmatrix} 1 & \alpha \\ 1 & \alpha' \end{vmatrix}^2 = D(\alpha). \end{aligned}$$

これで $\beta \in I_2(D)$ が証明された.

　もし，係数の最大公約数が $(a', b', c') = d > 0$ となるなら，β の判別式は $(b^2 - 4ac)/d^2$ となるが，そうすると，上の方法で β の方程式から，逆に α の方程式をつくると，その判別式は上の計算から，$(b^2 - 4ac)/d^2$ となってしまい矛盾が生じる. したがって $d = 1$. これで証明がすべて終わった. □

　補題の証明の途中でえられた結果を，後のために命題として述べておく.

命題 6.9. $\alpha \in I_2$ が

$$ax^2 + bx + c, \ (a, b, c) = 1$$

の根であるとする. $A = \begin{bmatrix} s & t \\ u & v \end{bmatrix} \in \mathrm{GL}_2(\mathbb{Z})$ とし $\beta = A\alpha$ とするとき, β は

$$a'x^2 + b'x + c', \ (a', b', c') = 1$$

の根である. ここで

$$a' = av^2 + cu^2 - buv$$
$$b' = -2atv + bsv + but - 2csu$$
$$c' = at^2 + cs^2 - bst$$

である.

補題 6.8 によって, 判別式が D の 2 次無理数の集合 $I_2(D)$ を $\mathrm{GL}_2(\mathbb{Z})$ の作用で分類できることになり, 前節より精密な結果をえることが期待できる. $I_2(D)$ を軌道にわけて調べることになるが, それぞれの軌道に良い性質をもつ代表元を見つけたい. そのために以下の定義をする.

定義 6.10. $\alpha \in I_2$ が**簡約 2 次無理数**であるとは

$$\alpha > 1 \ \text{かつ} \ -1 < \alpha' < 0$$

をみたすことをいう. 簡約 2 次無理数の全体の集合を R_2 と書く. また $R_2(D) = R_2 \cap I_2(D)$ と定義する.

補注 6.11. 2 次無理数 α を根にもつ多項式を

$$f(x) = ax^2 + bx + c \in \mathbb{Z}[x], \ (a, b, c) = 1, a > 0$$

とすると, α が簡約 2 次無理数であるための必要十分条件は, $f(x)$ の根の位置を考えると,

$$f(-1) > 0, \quad f(0) < 0, \quad f(1) < 0$$

である．すなわち，

$$a-b+c>0, \quad c<0, \quad a+b+c<0$$

であることがわかる．

例 6.12. $\alpha=(1+\sqrt{2})/2$ を考える．

$$\alpha=\frac{1+\sqrt{2}}{2}=1.207..., \ \alpha'=\frac{1-\sqrt{2}}{2}=-0.207...$$

により，$\alpha \in R_2$ がわかる．ここで α は $4x^2-4x-1=0$ の解だから $\alpha \in R_2(32)$ となる．

一方 $\sqrt{5} \in I_2(20)$ だが，$-\sqrt{5}<-1$ だから $\sqrt{5} \notin R_2(20)$ である．

命題 6.13. a を正の整数とし，b を整数とする．

$$\alpha=\frac{-b+\sqrt{D}}{2a} \in R_2(D)$$

ならば

$$0<-b<\sqrt{D}$$

が成り立つ．特に，任意の自然数 D に対して，$R_2(D)$ は有限集合になる[22]．

[22] $R_2(D)=\emptyset$ になる場合も含める

証明. α は ax^2+bx+c の根となるので，

$$\alpha=\frac{-b+\sqrt{D}}{2a}>1, \quad -1<\alpha'=\frac{-b-\sqrt{D}}{2a}<0.$$

分母をはらうと，これから

$$-b+\sqrt{D}>2a>b+\sqrt{D}>0 \tag{6.3}$$

がえられる．特に $0<-b<\sqrt{D}$ がわかる．これから D が決まっていると，b は有限個の値しかとりえない．このとき $4ac \mid D-b^2$ より，a, c も有限個の値しかとりえない． □

例 6.14. $R_2(40)$ を求める．上の証明から

$$0<-b<\sqrt{40}=2\sqrt{10}=6.32\ldots$$

また $D \equiv b^2 \pmod 4$ だから，$D \equiv b \pmod 2$．可能な b は $-2, -4, -6$ のみになる．対応する $D - b^2, ac$ の値を表にすると，

b	-2	-4	-6
$D - b^2$	36	24	4
ac	-9	-6	-1

となる．それぞれの場合に (6.3) を使って，a, c を求めると，

$$b = -2 \Longrightarrow 8.32.. > 2a > 4.32.. \Longrightarrow (a, c) = (3, -3)$$

$$b = -4 \Longrightarrow 10.32.. > 2a > 2.32.. \Longrightarrow (a, c) = (3, -2), (2, -3)$$

$$b = -6 \Longrightarrow 12.32.. > a > 0.32.. \Longrightarrow (a, c) = (1, -1)$$

となるので，これから

$$R_2(40) = \left\{ \frac{1 + \sqrt{10}}{3}, \frac{2 + \sqrt{10}}{3}, \frac{2 + \sqrt{10}}{2}, 3 + \sqrt{10} \right\}$$

がえられる．

問 6.5 $R_2(37)$ を求めよ．

簡約 2 次無理数を $\mathrm{GL}_2(\mathbb{Z})$ による無理数の軌道の代表元としてとれることは次の定理からわかる．

定理 6.15. 任意の $\alpha = [a_0; a_1, \dots] \in I_2(D)$ に対して，十分大きく n をとると，$\alpha_n = [a_n; a_{n+1}, \dots] \in R_2(D)$ となる．さらに $\alpha_n \in R_2(D)$ かつ $m \geq n$ ならば $\alpha_m \in R_2(D)$ が成り立つ．

特に任意の $\alpha \in I_2(D)$ はある $R_2(D)$ の元と同値である．したがって，$\mathrm{GL}_2(\mathbb{Z})$ の $I_2(D)$ への作用の軌道の代表元として簡約 2 次無理数 $R_2(D)$ がとれる．

証明. $\alpha \in I_2(D)$ を連分数展開して，

$$\alpha = [a_0; a_1, \dots, a_n, \alpha_{n+1}] = \begin{bmatrix} p_n & p_{n-1} \\ q_n & q_{n-1} \end{bmatrix} \alpha_{n+1}$$

と書く．このとき α と α_{n+1} は同値である．連分数展開アルゴリズムを思い出すと，$a_n = \lfloor \alpha_n \rfloor$ だから $0 < 1/\alpha_{n+1} < 1$．したがって $\alpha_{n+1} > 1$ が成り立っているのであった．よって十分

大きいすべての n に対して，$-1 < \alpha_{n+1}' < 0$ がみたされれば $\alpha_{n+1} \in R_2(D)$ となりすべての主張が証明される．

$$\alpha_{n+1} = \begin{bmatrix} p_n & p_{n-1} \\ q_n & q_{n-1} \end{bmatrix}^{-1} \alpha = \begin{bmatrix} q_{n-1} & -p_{n-1} \\ -q_n & p_n \end{bmatrix} \alpha.$$

(A と $-A$ は同じ作用を与えることに注意）．両辺の共役をとると，整数は動かないので，

$$\alpha_{n+1}' = -\frac{q_{n-1}\alpha' - p_{n-1}}{q_n\alpha' - p_n} = -\frac{q_{n-1}}{q_n} \times \frac{\alpha' - \dfrac{p_{n-1}}{q_{n-1}}}{\alpha' - \dfrac{p_n}{q_n}}.$$

ここで $n \to \infty$ のとき

$$\frac{p_n}{q_n} \to \alpha$$

であるから，n を十分大きくとると，

$$\frac{\alpha' - \dfrac{p_{n-1}}{q_{n-1}}}{\alpha' - \dfrac{p_n}{q_n}} \to 1.$$

よって N を十分大きくとると，$\alpha_{n+1}' < 0$ が N 以上の任意の n に対してみたされる．またこのとき

$$\alpha_{n+1} = a_{n+1} + \frac{1}{\alpha_{n+2}}$$

から

$$\alpha_{n+2}' = -\frac{1}{a_{n+1} - \alpha_{n+1}'}$$

であるが，$a_{n+1} \geq 1$ で $-\alpha_{n+1}' > 0$ なので，α_{n+2}' は負で，しかも絶対値は 1 より小さい．以上により $\alpha_{n+2} \in R_2$ がわかった． $\square$

前の命題とあわせると，判別式 D の 2 次無理数の連分数展開は先の方にいけば，有限個しかない簡約 2 次無理数のいずれかの連分数展開に一致することがわかる．

さらに定理 5.10 とあわせると，次の系がえられる．

系 6.16. 判別式 D の 2 つの 2 次無理数 α と β が同値である
ための必要十分条件は α と同値な簡約 2 次無理数と, β と同値
な簡約 2 次無理数が同値なことである.

証明. 定理 6.15 から α と β はある簡約 2 次無理数と同値であ
る. $\alpha \sim \gamma$, $\beta \sim \delta$ $(\gamma, \delta \in R_2(D))$ とする. このとき $\alpha \sim \beta$ な
ら, $\gamma \sim \alpha \sim \beta \sim \delta$ がわかる. 逆も同様である. $\qquad\square$

例 6.17. 例 6.14 より

$$R_2(40) = \left\{ \frac{1+\sqrt{10}}{3}, \frac{2+\sqrt{10}}{3}, \frac{2+\sqrt{10}}{2}, 3+\sqrt{10} \right\}$$

であった. それぞれの元を連分数展開すると

$$\frac{1+\sqrt{10}}{3} = [\overline{1,2,1}], \qquad\qquad \frac{2+\sqrt{10}}{3} = [\overline{1,1,2}] = [1; \overline{1,2,1}],$$

$$\frac{2+\sqrt{10}}{2} = [\overline{2,1,1}] = [2; \overline{1,1,2}], \quad 3+\sqrt{10} = [\overline{6}].$$

この連分数展開から, 定理 5.10 によって,

$$\frac{1+\sqrt{10}}{3} \sim \frac{2+\sqrt{10}}{3} \sim \frac{2+\sqrt{10}}{2}$$

がわかる.

さらに定理 6.15 によれば, $I_2(40)$ の任意の元は連分数展開
すると, その先の方が $R_2(40)$ のいずれかの元の連分数展開に
一致する. 実際 $I_2(40)$ の元をいくつか連分数展開してみると

$$\frac{2+\sqrt{10}}{6} = [0; 1, \overline{6}], \quad \frac{\sqrt{10}}{5} = [0; 1, \overline{1,1,2}], \quad \frac{\sqrt{10}-7}{13} = [-1; 4, \overline{1,1,2}]$$

となり, 確かにそうなっている. また系 6.16 から

$$\frac{2+\sqrt{10}}{6} \sim 3+\sqrt{10}, \quad \frac{\sqrt{10}}{5} \sim \frac{\sqrt{10}-7}{13} \sim \frac{1+\sqrt{10}}{3}$$

などがわかる.

問 6.6 問 6.5 で求めた $R_2(37)$ の元を連分数展開せよ. また 次の
$I_2(37)$ の元を連分数展開し, 定理 6.15 により同値類に分割せよ.

$$\frac{11+\sqrt{37}}{6}, \quad \frac{13-\sqrt{37}}{2}, \quad \frac{25+\sqrt{37}}{42}.$$

この節の主定理の 1 つである Lagrange による定理 6.2 を次のように精密化して証明する.

定理 6.18. α を無理数とする.

(i) α が循環連分数に展開されるための必要十分条件は $\alpha \in I_2$ である.

(ii) α が純循環連分数に展開されるための必要十分条件は $\alpha \in R_2$ である.

証明. α が次のように純循環連分数に展開されているとする.

$$\alpha = [\overline{a_0, a_1, \ldots, a_{t-1}}]$$
$$= [a_0; a_1, \ldots, a_{t-1}, \alpha] = \begin{bmatrix} p_{t-1} & p_{t-2} \\ q_{t-1} & q_{t-2} \end{bmatrix} \alpha.$$

このとき $\alpha \in R_2$ であることを示そう. 行列の作用を書き下して整理すると,

$$q_{t-1}\alpha^2 + (q_{t-2} - p_{t-1})\alpha - p_{t-2} = 0.$$

したがって α は 2 次方程式の解である. また $\alpha \notin \mathbb{Q}$ であるから $\alpha \in I_2$ がわかる. また

$$\alpha = [a_0; a_1, \ldots, a_{t-1}, \alpha] = [a_0; a_1, \ldots, a_{t-1}, a_0, a_1, \ldots, a_{t-1}, \alpha] = \cdots.$$

これを繰り返すと定理 6.15 から $\alpha \in R_2$ がわかる.

次に α が循環連分数に展開されているとき $\alpha \in I_2$ であることを示そう. $\alpha = [a_0; a_1, \ldots, a_{k-1}, \overline{a_k, \ldots, a_{k+t-1}}]$ を循環連分数への展開とする. $\alpha_k = [\overline{a_k, \ldots, a_{k+t-1}}]$ とおくと, 上の証明より $\alpha_k \in R_2 \subset I_2$ であり,

$$\alpha = [a_0; a_1, a_2, \ldots, a_{k-1}, \alpha_k] = \begin{bmatrix} p_{k-1} & p_{k-2} \\ q_{k-1} & q_{k-2} \end{bmatrix} \alpha_k$$

であるから, $\mathrm{GL}_2(\mathbb{Z})$ は I_2 に作用していたことを考え合わせると, $\alpha \in I_2$ がわかる.

次に $\alpha \in I_2(D)$ が循環連分数に展開できることを示す．$\alpha = [a_0; a_1, \ldots] \in I_2(D)$ とする．定理 6.15 から大きい n をとると $\alpha_n = [a_n; a_{n+1}, \ldots] \in R_2(D)$．これをみたす最小の n をあらためて n とすると，同じ定理からすべての $m \geq n$ に対して，$\alpha_m \in R_2(D)$．ところが命題 6.13 から $R_2(D)$ は有限集合だから，これらの中に一致するものがなくてはいけない．つまりある n より大きい ℓ で $\alpha_\ell = \alpha_n$ をみたすものが存在する．これから $a_{\ell+s} = a_{n+s}$ が $s = 0, 1, 2, \ldots$ に対して成り立つ．これは，$\alpha = [a_0; a_1, \cdots, \overline{a_n, \ldots, a_{\ell-1}}]$ であることを示す．

最後に $\alpha \in R_2$ であれば，純循環連分数に展開されることを証明することが残っているが，これは，上の証明で最小の n として 0 がとれるから直ちに導かれる． $\square$

例 6.19. $\alpha = \overline{[1, 3, 5]}$ は簡約 2 次無理数である．α を具体的に求めてみよう．α は

$$\alpha = \begin{bmatrix} 1 & 1 \\ 1 & 0 \end{bmatrix} \begin{bmatrix} 3 & 1 \\ 1 & 0 \end{bmatrix} \begin{bmatrix} 5 & 1 \\ 1 & 0 \end{bmatrix} \alpha$$

をみたす．行列の積を計算すると，

$$\alpha = \begin{bmatrix} 21 & 4 \\ 16 & 3 \end{bmatrix} \alpha = \frac{21\alpha + 4}{16\alpha + 3}.$$

これから α のみたす方程式は

$$16\alpha^2 - 18\alpha - 4 = 0$$

であることがわかる．$\alpha > 1$ を考慮に入れて

$$\alpha = \frac{9 + \sqrt{145}}{16}$$

となる．

問 6.7 次の 2 次無理数を求めよ．

(i) $[1; 2, \overline{3}]$ (ii) $[1; \overline{2, 3}]$ (iii) $\overline{[1, 2, 3]}$ (iv) $\overline{[2, 3, 1]}$

問 **6.8** a, b を自然数とするとき，次の 2 次無理数を求めよ．

$$\text{(i)} \ [0; \overline{a}] \qquad \text{(ii)} \ [0; \overline{a, b}]$$

この節の最後に簡約 2 次無理数の共役に関連する連分数展開を求める．

命題 6.20 (Galois). $\alpha = [\overline{a_0; a_1, \ldots, a_{t-1}}] \in R_2(D)$ とする．このとき，

$$-\frac{1}{\alpha'} = [\overline{a_{t-1}; a_{t-2}, \ldots, a_0}]$$

が成り立つ．

証明. $\alpha \in R_2(D)$ であるから，

$$\alpha = [a_0; a_1, \ldots, a_{t-1}, \alpha] = \frac{\alpha p_{t-1} + p_{t-2}}{\alpha q_{t-1} + q_{t-2}}$$

が成り立つ．よって α は

$$q_{t-1} x^2 + (q_{t-2} - p_{t-1}) x - p_{t-2} = 0 \qquad (6.4)$$

の解である．

$$\begin{bmatrix} p_{t-1} & p_{t-2} \\ q_{t-1} & q_{t-2} \end{bmatrix} = \begin{bmatrix} a_0 & 1 \\ 1 & 0 \end{bmatrix} \cdots \begin{bmatrix} a_{t-1} & 1 \\ 1 & 0 \end{bmatrix}$$

の両辺の転置をとると，問 A.2 により

$$\begin{bmatrix} p_{t-1} & q_{t-1} \\ p_{t-2} & q_{t-2} \end{bmatrix} = \begin{bmatrix} a_{t-1} & 1 \\ 1 & 0 \end{bmatrix} \cdots \begin{bmatrix} a_0 & 1 \\ 1 & 0 \end{bmatrix}.$$

よって

$$\beta := [\overline{a_{t-1}; a_{t-2}, \ldots, a_0}] = [a_{t-1}; a_{t-2}, \ldots, a_0, \beta] = \frac{\beta p_{t-1} + q_{t-1}}{\beta p_{t-2} + q_{t-2}}.$$

したがって β は

$$p_{t-2} \beta^2 + (q_{t-2} - p_{t-1}) \beta - q_{t-1} = 0$$

をみたす．両辺を $-\beta^2$ でわって

$$q_{t-1}\left(-\frac{1}{\beta}\right)^2 + (q_{t-2} - p_{t-1})\left(-\frac{1}{\beta}\right) - p_{t-2} = 0.$$

これは $-1/\beta$ が (6.4) の解であることを示す. $\alpha \in R_2(D)$ から $\alpha > 1$, したがって $-1/\beta < 0$. したがってこれらは同一の解ではない. 以上より, $-1/\beta = \alpha'$ となる. $\square$

35 ページにおいて, 小数で与えられた有理数を推測する問題を取り上げたが, 本節で考えた循環連分数は, 小数で与えられた 2 次無理数を推測する問題に応用ができる. 例で説明しよう.

$$\alpha = 2.3762756430420549968690540353\ldots$$

が 2 次無理数であることがわかっているとき, 連分数展開により, その 2 次無理数を推測することができる.

$$\alpha = [2; 2, 1, 1, 1, 11, 1, 1, 1, 1, 1, 11, 1, 1, 1, 1, 1, 11, 1, 1, 1, 1, 1, 9, 1, 6, 6, 1, 5, \ldots].$$

2 次無理数の連分数展開が循環連分数になることを考えると, 右辺の数は

$$[2; 2, \overline{1, 1, 1, 11, 1, 1}]$$

であろうと推測できる. $\beta = \left[\overline{1, 1, 1, 11, 1, 1}\right]$ とおく. 本節で解説した方法で β を求めると, $\beta = (6 + 5\sqrt{6})/12$ がわかるので, α は

$$[2; 2, \overline{1, 1, 1, 11, 1, 1}] = \begin{bmatrix} 2 & 1 \\ 1 & 0 \end{bmatrix}^2 \beta = \frac{5\beta + 2}{2\beta + 1} = \frac{17 - 5\sqrt{6}}{2}$$

と推測できる. 確認すると

$$\frac{17 - 5\sqrt{6}}{2} = 2.37627564304205475450\ldots$$

となり計算が確からしいことがわかる.

7 ▷ Fermat-Pell の方程式

　私たちは群 $\mathrm{GL}_2(\mathbb{Z})$ が無理数の集合，特に 2 次無理数の集合に作用していることを元にして 2 次無理数の分類をしてきたが，さらに分類を進めるには作用をより詳しく調べなくてはいけない．そのことを説明しよう．

定義 7.1. 群 G が集合 S に作用している（定義 5.3）とする．$x \in S$ に対し

$$\mathrm{Stab}(x) = \{g \in G \mid gx = x\}$$

を x の**固定部分群**という．

　固定部部分群 $\mathrm{Stab}(x)$ は G の部分集合であるが，それ自身が群になる．それを確かめよう．結合法則は G で成り立っているので問題なく成り立つ．作用の定義の (i) から G の単位元 e は $ex = x$ をみたすので，$e \in \mathrm{Stab}(x)$．また $g \in \mathrm{Stab}(x)$ なら $gx = x$ が成り立つが，両辺に $g^{-1} \in G$ を作用させると，$x = g^{-1}x$．これは g^{-1} が $\mathrm{Stab}(x)$ の元であることを示す．

　$\mathrm{Stab}(x)$ のように，群 G の部分集合であって，それ自身が G と同じ演算で群になっているものを**部分群**とよぶ．

　次の命題が成り立つ．

命題 7.2（軌道・固定部分群定理）．群 G が集合 S に作用しているとする．$x \in S$ とする．$g \in G$ に対して，

$$g\,\mathrm{Stab}(x) = \{gh \mid h \in \mathrm{Stab}(x)\}$$

と定義する[23]．このとき，集合 $\{g\,\mathrm{Stab}(x) \mid g \in G\}$ と $\mathrm{Orb}(x)$

[23] 群論ではこの集合を g を含む $\mathrm{Stab}(x)$ の左剰余類とよぶ．

は $g\,\mathrm{Stab}(x) \mapsto gx$ によって 1 対 1 に対応する.

証明. 命題の主張にある写像 $g\,\mathrm{Stab}(x) \mapsto gx$ を φ とする. 2 つの $g_1, g_2 \in G$ に対して, $g_1\mathrm{Stab}(x) = g_2\mathrm{Stab}(x)$ となっている可能性もあるので, φ が矛盾なく定義されていること, すなわち $\varphi(g_1\mathrm{Stab}(x)) = \varphi(g_2\mathrm{Stab}(x))$ が成り立つことをまず示さなくてはならない. $g_1\mathrm{Stab}(x) = g_2\mathrm{Stab}(x)$ なら, その定義から $g_2 = g_1 h$ と $h \in \mathrm{Stab}(x)$ を使って書ける. このとき

$$\varphi(g_2\mathrm{Stab}(x)) = g_2 x = (g_1 h)x = g_1(hx) = g_1 x = \varphi(g_1\mathrm{Stab}(x))$$

となり φ は矛盾なく定義されていることがわかる.

次にこの写像が全単射であることを示そう. 軌道は $\mathrm{Orb}(x) = \{gx \mid g \in G\}$ と定義されていたので, φ は明らかに全射である. また $\varphi(g_1\mathrm{Stab}(x)) = \varphi(g_2\mathrm{Stab}(x))$ ならば $g_1 x = g_2 x$. 両辺に g_2^{-1} を作用させると, $g_2^{-1}g_1 x = x$ となり $g_2^{-1}g_1 \in \mathrm{Stab}(x)$ がわかる. したがって $g_2^{-1}g_1 = h$ をみたす $h \in \mathrm{Stab}(x)$ が存在する. このとき, $g_1 = g_2 h \in g_2\mathrm{Stab}(x)$. また $g_2 = g_1 h^{-1} \in g_1\mathrm{Stab}(x)$ となるので, $g_1\mathrm{Stab}(x) = g_2\mathrm{Stab}(x)$ が成り立ち φ は単射である. □

命題 7.3. 群 G が S に作用しているとする. $\alpha, \beta \in S$ が同じ軌道に入っていると仮定し, $h \in G$ を $\beta = h\alpha$ をみたすものとする. このとき,

$$\mathrm{Stab}(\beta) = h\,\mathrm{Stab}(\alpha)\,h^{-1} = \{hkh^{-1} \mid h \in \mathrm{Stab}(\alpha)\}.$$

証明. 次の同値変形によりわかる.

$$
\begin{aligned}
g \in \mathrm{Stab}(\beta) &\iff g\beta = \beta \\
&\iff gh\alpha = h\alpha \iff h^{-1}gh\alpha = \alpha \\
&\iff h^{-1}gh \in \mathrm{Stab}(\alpha) \iff g \in h\,\mathrm{Stab}(\alpha)\,h^{-1}.
\end{aligned}
$$

□

一般に G を群, H を部分群とするとき, $g \in G$ を使って

$$gHg^{-1} = \{ghg^{-1} \mid h \in H\}$$

とすると，これは G の部分群になる．H の共役部分群とよばれる．この言葉を使えば，同じ軌道に入る元の固定部分群は共役であるということになる．

さて私たちの考えていた状況にもどろう．$G = \mathrm{GL}_2(\mathbb{Z})$ が判別式 D の 2 次無理数の集合 $I_2(D)$ に作用している．このとき，2 次無理数 $\alpha \in I_2(D)$ の固定部分群は，定義から

$$\mathrm{Stab}(\alpha) = \{A \in \mathrm{GL}_2(\mathbb{Z}) \mid A\alpha = \alpha\}$$

である．この固定部分群の特徴づけを行うのが次の重要な定理である．

定理 7.4. α を判別式が D の 2 次無理数とし，多項式

$$aX^2 + bX + c \quad a, b, c \in \mathbb{Z},\ a > 0,\ (a, b, c) = 1$$

の根であるとする．このとき $A \in \mathrm{GL}_2(\mathbb{Z})$ が $A\alpha = \alpha$ をみたすための必要十分条件は

$$A = \begin{bmatrix} \frac{x - by}{2} & -cy \\ ay & \frac{x + by}{2} \end{bmatrix} \tag{7.1}$$

をみたす整数 x, y が存在することである．また，この x, y は不定方程式

$$x^2 - Dy^2 = \pm 4 \tag{7.2}$$

の解である．逆に (7.2) の解 x, y を使って行列 A を (7.1) で定義すると，$A \in \mathrm{GL}_2(\mathbb{Z})$ で $A\alpha = \alpha$ をみたす．

証明. $A = \begin{bmatrix} s & t \\ u & v \end{bmatrix} \in \mathrm{GL}_2(\mathbb{Z})$ が $A\alpha = \alpha$ をみたすと仮定する．

$$\frac{s\alpha + t}{u\alpha + v} = \alpha$$

から，分母をはらうと

$$u\alpha^2 + (v - s)\alpha - t = 0.$$

したがって多項式 $uX^2 + (v - s)X - t \in \mathbb{Z}[X]$ も α を根にもつ多項式になる．$(a, b, c) = 1$ であることを考え合わせると，

$$uX^2 + (v-s)X - t = y(aX^2 + bX + c)$$

をみたす 0 でない整数 $y \in \mathbb{Z}$ が存在する. 両辺を比較して,

$$u = ay, \quad v - s = by, \quad -t = cy. \tag{7.3}$$

をえる. ここで

$$\xi = u\alpha + v = u\left(\frac{-b+\sqrt{D}}{2a}\right) + v = \frac{(2av - bu) + u\sqrt{D}}{2a}$$

とおく[24]. さらに

$$x = \frac{2av - bu}{a} = 2v - b\frac{u}{a} = 2v - by$$

とおくと, x も整数であって,

$$\xi = \frac{1}{2}\left(x + y\sqrt{D}\right)$$

となる. これから, A の成分を x, y を使って表すと,

$$A = \begin{bmatrix} s & t \\ u & v \end{bmatrix} = \begin{bmatrix} \frac{x-by}{2} & -cy \\ ay & \frac{x+by}{2} \end{bmatrix}$$

をえる. また $\det A = \pm 1$ だから

$$\pm 1 = sv - tu = \frac{x - by}{2} \cdot \frac{x + by}{2} - (-cy)ay.$$

分母をはらって整理すると, (x, y) は (7.2) の解であることがわかる.

逆に (x, y) を (7.2) の整数解とし,

$$A = \begin{bmatrix} \frac{x-by}{2} & -cy \\ ay & \frac{x+by}{2} \end{bmatrix}$$

とおく. このとき, $\xi = ay\alpha + \dfrac{x+by}{2}$ とおくと, $\xi \neq 0$ であって

$$\xi\alpha = y(-b\alpha - c) + \frac{x+by}{2}\alpha = \frac{x-by}{2}\alpha - cy.$$

よって

[24] α としてもう 1 つの根

$$\frac{-b - \sqrt{D}}{2a}$$

を選ぶと y が $-y$ に変わって以下の議論がそのまま成り立つ.

$$A\alpha = \frac{\xi\alpha}{\xi} = \alpha.$$

あとは，A の成分が整数であることを確かめればよい．$D = b^2 - 4ac$ が偶数なら $2 \mid b$．またこのとき (7.2) から $2 \mid x$ だから $2 \mid x \pm by$ であることがわかる．一方 D が奇数ならば，$2 \nmid b$．このとき (7.2) から $x \equiv y \pmod 2$．したがってこのときも $2 \mid x \pm by$．これで主張が示された． $\square$

この定理に現れる不定方程式 (7.2)

$$x^2 - Dy^2 = \pm 4$$

を **Fermat-Pell** の方程式[25]という．上の証明から右辺の符号は $\det A$ の符号に一致する．したがって

$$x^2 - Dy^2 = -4 \text{ が解をもつ} \iff \mathrm{Stab}(\alpha) \text{は行列式 } -1 \text{ の行列を含む}$$
$$\tag{7.4}$$

が成り立つことに注意をしておく．

補注 7.5. $A = \begin{bmatrix} s & t \\ u & v \end{bmatrix}$ が $A\alpha = \alpha$ をみたすとき，上の証明の中で $\xi, \xi\alpha$ を 1 と α の線形結合で書いた式から，

$$\xi \begin{bmatrix} \alpha \\ 1 \end{bmatrix} = A \begin{bmatrix} \alpha \\ 1 \end{bmatrix}$$

が成り立つ．特に (7.2) の解 x, y は

$$\xi = u\alpha + v = \frac{x + \sqrt{D}y}{2} \tag{7.5}$$

により求まる．

問 7.1 $\alpha \in I_2$ とする．$\mathrm{Stab}(\alpha)$ はアーベル群であることを証明せよ[26]．

さて，定理 7.4 は各 $\alpha \in I_2(D)$ に対して，写像

$$\Psi : \{(7.2)\ x^2 - Dy^2 = \pm 4 \text{ の解}\} \longrightarrow \mathrm{Stab}(\alpha) \tag{7.6}$$

が，解 (x, y) に対して，

25) 一般には Pell の方程式とよばれる．

26) 群 G の任意の元 x, y に対して交換法則

$$xy = yx$$

が成り立つとき，G を**アーベル群** (または可換群) であるという．$\mathrm{GL}_2(\mathbb{Z})$ はアーベル群ではない．

$$\Psi(x, y) = \begin{bmatrix} \frac{x-by}{2} & -cy \\ ay & \frac{x+by}{2} \end{bmatrix}$$

が $\Psi(x, y)\alpha = \alpha$ をみたすように定まり，全射であることを主張している．さらに写像 Ψ は単射でもあることが容易に確かめられる．

したがって $\mathrm{Stab}(\alpha)$ を求めるには (7.2) の解をすべて求めればよい．この不定方程式（またその解の集合）は α 自体には依存しないで，その判別式 D にのみ依存していることに注意しよう．

問 7.2　$\beta \in \mathrm{Orb}(\alpha)$ とする．$\beta = U\alpha$ をみたす $U = \begin{bmatrix} s & t \\ u & v \end{bmatrix} \in$ $\mathrm{GL}_2(\mathbb{Z})$ が存在する．このとき，命題 7.3 から $\mathrm{Stab}(\beta) = U\mathrm{Stab}(\alpha)U^{-1}$ が成り立つ．α に対して (7.6) で定義される写像を Φ_α，また β に対する写像を Φ_β と表すとき，

$$U\Phi_\alpha(x, y)U^{-1} = \Phi_\beta(x, y)$$

を示せ．

Fermat-Pell の方程式 (7.2) の解の集合を調べよう．(x, y) が (7.2) の解なら $(\pm x, \pm y)$ も解だから $x, y > 0$ として求めればよい．このとき $\xi = (x + y\sqrt{D})/2$ が 1 より大きく，かつ最小になるとき (x, y) を (7.2) の**基本解**とよぶ．(x, y) が基本解であるとき，(7.5) の ξ を $\varepsilon = (x + y\sqrt{D})/2$ と表す．

以下ではこの方程式の解を判別式 D の簡約 2 次無理数の連分数展開を使って求めるが，それは簡約 2 次無理数のとり方にはよらない．なぜなら写像 Ψ が全単射であることから，どのような $\alpha \in I_2(D)$ を使っても対応する方程式の解の集合が求められるからである．

定理 7.6. 判別式 D の簡約 2 次無理数 $\alpha \in R_2(D)$ の連分数展開を $\alpha = [\overline{a_0, a_1, \ldots, a_{t-1}}]$ （t は周期）とし，α は

$$aX^2 + bX + c \in \mathbb{Z}[X], \ a > 0, \ (a, b, c) = 1$$

の根であるとする．

$$\begin{bmatrix} p_{t-1} & p_{t-2} \\ q_{t-1} & q_{t-2} \end{bmatrix} = \begin{bmatrix} a_0 & 1 \\ 1 & 0 \end{bmatrix} \begin{bmatrix} a_1 & 1 \\ 1 & 0 \end{bmatrix} \cdots \begin{bmatrix} a_{t-1} & 1 \\ 1 & 0 \end{bmatrix}$$

とすると，

$$x = p_{t-1} + q_{t-2}, \quad y = \frac{q_{t-1}}{a}$$

は Fermat-Pell の方程式 (7.2)

$$x^2 - Dy^2 = (-1)^t 4$$

の基本解で ε を与える[27]．

さらに (7.2) の任意の正の解は簡約 2 次無理数の連分数展開から，n を自然数として

$$x_n = p_{nt-1} + q_{nt-2}, \ y_n = \frac{q_{nt-1}}{a}$$

によってえられ，

$$\varepsilon^n = \frac{x_n + y_n \sqrt{D}}{2}$$

をみたす．

証明. まず

$$\alpha = [\overline{a_0, a_1, \ldots, a_{t-1}}] = [a_0; a_1, \ldots, a_{t-1}]\alpha = \begin{bmatrix} p_{t-1} & p_{t-2} \\ q_{t-1} & q_{t-2} \end{bmatrix} \alpha$$

であるから，

$$\begin{bmatrix} p_{t-1} & p_{t-2} \\ q_{t-1} & q_{t-2} \end{bmatrix} \in \mathrm{Stab}(\alpha)$$

となる．よって定理 7.4 から

$$\begin{bmatrix} p_{t-1} & p_{t-2} \\ q_{t-1} & q_{t-2} \end{bmatrix} = \begin{bmatrix} \frac{x-by}{2} & -cy \\ ay & \frac{x+by}{2} \end{bmatrix}.$$

をみたす $x, y \in \mathbb{Z}$ が存在する．このとき x, y は

$$x = \frac{x-by}{2} + \frac{x+by}{2} = p_{t-1} + q_{t-2} > 0$$

$$y = \frac{q_{t-1}}{a} > 0$$

をみたす．また

$$\alpha = [\overline{a_0, a_1, \ldots, a_{t-1}}] = [a_0; a_1, \ldots, a_{t-1}, a_0, a_1, \ldots, a_{t-1}]\alpha = \cdots$$

と考えることにより，任意の自然数 n に対して，

[27] x は左辺の行列のトレイスである．

$$\begin{bmatrix} p_{t-1} & p_{t-2} \\ q_{t-1} & q_{t-2} \end{bmatrix}^n \in \mathrm{Stab}(\alpha)$$

が成り立つ. したがって, 次の式をみたす $x_n, y_n \in \mathbb{Z}$ が存在する.

$$\begin{bmatrix} p_{t-1} & p_{t-2} \\ q_{t-1} & q_{t-2} \end{bmatrix}^n = \begin{bmatrix} p_{nt-1} & p_{nt-2} \\ q_{nt-1} & q_{nt-2} \end{bmatrix} = \begin{bmatrix} \frac{x_n - by_n}{2} & -cy_n \\ ay_n & \frac{x_n + by_n}{2} \end{bmatrix}.$$

この (x_n, y_n) も (7.2) の正の解を与え, 系 3.13 より

$$0 < q_{t-1}\alpha + q_{t-2} < q_{nt-1}\alpha + q_{nt-2} \quad (n \geq 2)$$

であるから, $n = 1$ のときが最小で正になる. 以降で (7.2) の解は上のように α の連分数展開を使ってすべて得られることを示すので, この $n = 1$ のときの解が基本解に対応する

$$\varepsilon = q_{t-1}\alpha + q_{t-2} = \frac{x + y\sqrt{D}}{2}$$

を与える.

次に簡約 2 次無理数 α に対して, $A\alpha = \alpha$ をみたす $A \in \mathrm{GL}_2(\mathbb{Z})$ が必ず α の連分数展開からえられることを示そう.

$$A = \begin{bmatrix} s & t \\ u & v \end{bmatrix} = \begin{bmatrix} \frac{x - by}{2} & -cy \\ ay & \frac{x + by}{2} \end{bmatrix}$$

とする. $\xi = u\alpha + v$ とおくと, (7.5) から $\xi > 1$ と仮定してよい. α は簡約 2 次無理数だから $\alpha > 1$ かつ $-1 < \alpha' < 0$. ここで α' は α の共役である (定義 6.6).

$$\xi\xi' = \left(\frac{x + \sqrt{D}y}{2} \right) \left(\frac{x - \sqrt{D}y}{2} \right) = \frac{x^2 - Dy^2}{4} = \det A \in \{\pm 1\}$$

が成り立つ. $\xi > 1$ だから $|\xi'| < 1$ となる. よって $\xi - \xi' > 0$. これから

$$0 < \xi - \xi' = (u\alpha + v) - (u\alpha' + v) = u(\alpha - \alpha').$$

よって $u > 0$ がわかる. したがって

$$v > \xi' = u\alpha' + v > -u + v.$$

$\xi\xi' = \det A$ であったから, この不等式から,

$$\det A = 1 \Longrightarrow 1 > \xi' > 0 \Longrightarrow u \geq v > 0,$$

$$\det A = -1 \Longrightarrow -1 < \xi' < 0 \Longrightarrow u > v \geq 0$$

がわかる. さて $u > v > 0$ なら, 補題 5.11 から A は s/u の連分数展開の行列に一致する.

$$A = \begin{bmatrix} c_0 & 1 \\ 1 & 0 \end{bmatrix} \cdots \begin{bmatrix} c_k & 1 \\ 1 & 0 \end{bmatrix}.$$

これから

$$\alpha = [c_0; c_1, c_2, \ldots, c_k, \alpha].$$

α は簡約だから $c_0, \ldots, c_k$ は α の連分数展開の循環節にならなくてはならない.

あとは $(\det A, u) = (1, v)$ と $(\det A, v) = (-1, 0)$ の場合が残った. $(\det A, u) = (1, v)$ のとき, $\det A = 1$ から $u = v = 1$ でなくてはならない. このとき $s - t = \det A = 1$. すなわち

$$A = \begin{bmatrix} s & s-1 \\ 1 & 1 \end{bmatrix} = \begin{bmatrix} s-1 & 1 \\ 1 & 0 \end{bmatrix} \begin{bmatrix} 1 & 1 \\ 1 & 0 \end{bmatrix}$$

だから

$$\alpha = [s-1; 1, \alpha]$$

となるから命題が成り立つ. $(\det A, v) = (-1, 0)$ のときは, $tu = 1$ でなくてはならない. $u > 0$ だったから $t = u = 1$ となる. すなわち

$$A = \begin{bmatrix} s & 1 \\ 1 & 0 \end{bmatrix}.$$

よって

$$\alpha = [s; \alpha]$$

となり, この場合も成り立つ. □

例 **7.7.** $x^2 - 40y^2 = \pm 4$ の基本解を求めてみよう. 簡約 2 次無理数として

$$\alpha = \frac{1 + \sqrt{10}}{3} = \overline{[1, 2, 1]} \in R_2(40)$$

を使うことにすると $t = 3$ である.

$$\begin{bmatrix} p_2 & p_1 \\ q_2 & q_1 \end{bmatrix} = \begin{bmatrix} 1 & 1 \\ 1 & 0 \end{bmatrix} \begin{bmatrix} 2 & 1 \\ 1 & 0 \end{bmatrix} \begin{bmatrix} 1 & 1 \\ 1 & 0 \end{bmatrix} = \begin{bmatrix} 4 & 3 \\ \mathbf{3} & \mathbf{2} \end{bmatrix}$$

により $q_2 = 3$, $q_1 = 2$ をえる. (7.5) から

$$\varepsilon = q_2 \alpha + q_1 = 3 + \sqrt{10} = \frac{6 + \sqrt{40}}{2}.$$

したがって $x = 6, y = 1$. 検算すると, $6^2 - 40 \cdot 1^2 = -4$ となり x, y は $x^2 - 40y^2 = -4$ の解である.

問 **7.3** $x^2 - 37y^2 = \pm 4$ の解を 1 つ求めよ.

Fermat-Pell の方程式の解全体の集合の構造は次の定理で与えられる.

定理 7.8. Fermat-Pell の方程式 (7.2) の基本解を (x, y) とし,

$$\varepsilon = \frac{x + y\sqrt{D}}{2}$$

とする. このとき (7.2) の任意の解は

$$\pm \varepsilon^n = \pm \frac{x_n + y_n\sqrt{D}}{2} \quad (n \in \mathbb{Z})$$

から $\pm(x_n, y_n)$ として与えられる.

証明. 定理 7.6 から (7.2) の解 (ξ, η) で $\xi > 0$, $\eta > 0$ のものは, n を自然数として, $\varepsilon^n = (x_n + y_n\sqrt{D})/2$ から (x_n, y_n) としてえられる.

これから, 解 (ξ, η) で $\xi < 0$, $\eta < 0$ をみたすものに対して,

$$\varepsilon^n = \frac{-\xi - \eta\sqrt{D}}{2}$$

をみたす自然数 n が存在する. このとき $(\xi + \eta\sqrt{D})/2$ は $-\varepsilon^n$ からえられる.

次に (ξ, η) が $\xi > 0$, $\eta < 0$ をみたすとすると,

$$\varepsilon^n = \frac{\xi - \eta\sqrt{D}}{2}$$

をみたす自然数 n が存在する. $\xi^2 - D\eta^2 = (-1)^e 4$ であるなら,

$$\frac{\xi + \eta\sqrt{D}}{2} = (-1)^e \varepsilon^{-n}.$$

これは (ξ, η) が $\pm\varepsilon^{-n}$ からえられることを示す.

$\xi < 0$, $\eta > 0$ のときも, 同様にして $\pm\varepsilon^{-n}$ からえられることが示される. □

定義 7.9. G, H を群とする. 写像

$$\varphi : G \longrightarrow H$$

が, 任意の $x, y \in G$ に対して

$$\varphi(xy) = \varphi(x)\varphi(y)$$

をみたすとき[28] φ を**準同型写像**であるという. さらに φ が全単射であるとき, φ は**同型写像**であるという. 2 つの群 G, H の間に同型写像が存在するとき, G と H は**同型**であるといい $G \cong H$ と表す.

[28] この式で左辺は G の積, 右辺は H の積であることに注意せよ.

同型である 2 つの群は, 群として同じ構造をもつ.

集合 $\mathbb{R} - \{0\}$ に通常のかけ算で積をいれた群を $\mathbb{R}^\times$ とする. 単位元は 1 で, $a \in \mathbb{R}^\times$ の逆元は $a^{-1} \in \mathbb{R}^\times$ である.

一方, 定理 7.8 の ε を使って

$$E = \{\pm\varepsilon^n \mid n \in \mathbb{Z}\}$$

とおくと, これから (7.2) の解がすべてえられるのであるが, これは $\mathbb{R}^\times$ の部分群である. 実際, $1 = \varepsilon^0 \in E$ で, $\pm\varepsilon^n \in E$ の逆元は $\mp\varepsilon^{-n}$ であるから部分群である.

一方 Fermat-Pell の方程式の $x^2 - Dy^2 = \pm 4$ の解全体を $P(D)$ とおくと, 定理 7.8 から, 写像

$$\Phi : E \longrightarrow P(D), \quad \pm\varepsilon^n \mapsto \pm(x_n, y_n) \qquad (7.7)$$

は全射である. 単射であることも簡単に確かめられる.

定理 7.10. (7.6) によって定義される写像 Ψ と (7.7) の Φ の

合成写像

$$\Psi \circ \Phi : E \longrightarrow \mathrm{Stab}(\alpha)$$

は群の同型写像である．したがって，任意の $\alpha \in I_2(D)$ に対して，$\mathrm{Stab}(\alpha)$ は群 $E = \{\pm\varepsilon^n \mid n \in \mathbb{Z}\}$ に同型である．

証明. α は

$$aX^2 + bX + c \in \mathbb{Z}[X],\ a > 0,\ (a,b,c) = 1$$

の根であるとする．

定理 7.8 と同様に E の元 $\pm\varepsilon^n$ に対して，

$$\pm\varepsilon^n = \pm\frac{x_n + y_n\sqrt{D}}{2}$$

とおく．このとき写像 $\Psi \circ \Phi : E \longrightarrow \mathrm{Stab}(\alpha)$ は

$$\pm\varepsilon^n \mapsto \pm A_n := \pm\begin{bmatrix} \frac{x_n - by_n}{2} & -cy_n \\ ay_n & \frac{x_n + by_n}{2} \end{bmatrix}$$

により定義されている．$\Psi \circ \Phi$ が同型写像であることを示そう．全単射であることはすでに示したので，準同型写像になることをいえばよい．

$m, n \in \mathbb{Z}$ とする．補注 7.5 から，$(\Psi \circ \Phi)(\varepsilon^n) = A_n$ ならば，

$$\varepsilon^n \begin{bmatrix} \alpha \\ 1 \end{bmatrix} = A_n \begin{bmatrix} \alpha \\ 1 \end{bmatrix}$$

が成り立つ[29]．ε^m と A_m の関係は同様に

$$\varepsilon^m \begin{bmatrix} \alpha \\ 1 \end{bmatrix} = A_m \begin{bmatrix} \alpha \\ 1 \end{bmatrix}.$$

これから，

$$\varepsilon^{n+m} \begin{bmatrix} \alpha \\ 1 \end{bmatrix} = \varepsilon^m A_n \begin{bmatrix} \alpha \\ 1 \end{bmatrix} = A_n A_m \begin{bmatrix} \alpha \\ 1 \end{bmatrix}$$

が成り立つ[30]．これから $(\Psi \circ \Phi)(\pm\varepsilon^n) = \pm A_n$，$(\Psi \circ \Phi)(\pm\varepsilon^m) = \pm A_m$ なら

[29] この式は E の元が加法の群 $\mathbb{Z}\alpha + \mathbb{Z}$ に作用していて，A がその表現行列になっていることを示している．

[30] この式の最左辺は $A_{n+m} \begin{bmatrix} \alpha \\ 1 \end{bmatrix}$ と等しいので $A_n A_m = A_{n+m} = A_m A_n$ が成り立つことがわかる（問 7.1）．

$$(\Psi \circ \Phi)((\pm\varepsilon^n)(\pm\varepsilon^m)) = (\pm A_n)(\pm A_m)$$
$$= ((\Psi \circ \Phi)(\pm\varepsilon^n))\,((\Psi \circ \Phi)(\pm\varepsilon^m)).$$

これは $\Psi \circ \Phi$ が準同型写像であることを示す. □

補注 7.11. Fermat-Pell の方程式の右辺の符号について考えよう.

$$x^2 - Dy^2 = 4 \tag{7.8}$$
$$x^2 - Dy^2 = -4 \tag{7.9}$$

とする. 定理 7.6 の証明から, (x, y) が Fermat-Pell の方程式 (7.2) の基本解であるとき, (7.2) の右辺の符号は

$$\det \begin{bmatrix} p_{t-1} & p_{t-2} \\ q_{t-1} & q_{t-2} \end{bmatrix} = (-1)^{t-2}$$

に等しい. したがって周期 t が偶数なら, 右辺が負の方程式 (7.9) に解はない. 一方, (7.9) に解があれば, その基本解から ε を作るとき, ε^2 は右辺が正の方程式 (7.8) の解になる. したがって, (7.8) には常に解が存在する.

(7.9) が解をもつための条件を 1 つ与えておく.

命題 7.12. p を奇素数とする. このとき

$$x^2 - py^2 = -4 \tag{7.10}$$

が解をもつための必要十分条件は $p \equiv 1 \pmod 4$ となることである.

証明. $x^2 - py^2 = -4$ が解をもつとする. $p \equiv 3 \pmod 4$ なら $x^2 + y^2 \equiv 0 \pmod 4$. よって x, y は偶数になる. $x = 2x'$, $y = 2y'$ と表すと, $x'^2 - py'^2 = -1$. したがって $x'^2 + y'^2 \equiv 3 \pmod 4$ となるが, x'^2, y'^2 は法 4 で 1 か 0 だから, これは不可能である. したがって, $p \equiv 1 \pmod 4$ でなくてはならない.

逆に $p \equiv 1 \pmod 4$ とする.

$$x^2 - py^2 = 4 \tag{7.11}$$

の解で $x, y > 0$ で，かつ y が最小となるものを (x, y) とする．(7.11) から $x^2 - y^2 \equiv 0 \pmod 4$. これから $x \equiv y \pmod 2$ である．

x が偶数のとき，y も偶数で，$x = 2x'$, $y = 2y'$ と書くと，$x'^2 - py'^2 = 1$. x' が偶数なら，法4で考えると，$y'^2 \equiv 3 \pmod 4$ となり矛盾．したがって x' は奇数で，このとき y' は偶数でなくてはならない．$(x'-1)(x'+1) = py'^2$ と変形すると，左辺の $x'-1$, $x'+1$ はともに偶数なので，$\gcd(x'-1, x'+1) = 2$. このとき，p がどちらの因子をわるかによって，次の2つの場合が考えられる．

$$
\begin{cases} x' - 1 = 2pu^2 \\ x' + 1 = 2v^2 \end{cases}, \qquad \begin{cases} x' - 1 = 2u^2 \\ x' + 1 = 2pv^2 \end{cases}.
$$

ここで $y' = 2uv$ である．最初の場合は，$v^2 - pu^2 = 1$ で $u < y'$ だから (x, y) の選び方に反する．よって後者が成り立ち，$u^2 - pv^2 = -1$. よって $(2u, 2v)$ が (7.10) の解になる．

x が奇数のとき，$(x-2)(x+2) = py^2$ と変形すると，左辺の $x-2$, $x+2$ はともに奇数なので，4の約数である $\gcd(x-2, x+2)$ は1にならなくてはいけない．よって，p がどちらの因子をわるかによって，次の2つの場合が考えられる．

$$
\begin{cases} x - 2 = pu^2 \\ x + 2 = v^2 \end{cases}, \qquad \begin{cases} x - 2 = u^2 \\ x + 2 = pv^2 \end{cases}.
$$

ここで $y = uv$ である．最初の場合に $v = 1$ なら，$x < 0$ になり矛盾．よって $v > 1$，すなわち $u < y$. したがって最初の場合は $v^2 - pu^2 = 4$ が成立し，(x, y) のとりかたに反する．したがって2番目の場合が成り立ち $u^2 - pv^2 = -4$ となり (7.10) の解が見つかる． $\qquad\square$

一般の D についての必要条件も与えておこう．

命題 7.13. 判別式 D が $p \equiv 3 \pmod 4$ をみたす素因数をもてば，Fermat-Pell の方程式 (7.9) は解をもたない．

まず次の命題を証明する．

命題 **7.14**（**Fermat の小定理**）．p を奇素数とし，a を p と互いに素な整数とする．このとき

$$a^{p-1} \equiv 1 \pmod{p}$$

が成り立つ．

証明．集合 $S = \{a, 2a, \ldots, (p-1)a\}$ を考える．これらを p でわったあまりはすべて異なる．実際，$i \neq j$ として，$ia \equiv ja \pmod{p}$ とすると，$(i-j)a$ は p の倍数であるが，a と p は互いに素なので，$i - j$ が p の倍数である．よって ia と ja は集合 S の元としては等しい．したがって，S の元を p でわったあまりは $\{1, 2, \ldots, p-1\}$ に一致する．これから

$$a \cdot 2a \cdots (p-1)a \equiv 1 \cdot 2 \cdots (p-1) \pmod{p}.$$

両辺にでてくる $(p-1)!$ は p と互いに素なので，両辺をこれでわって，$a^{p-1} \equiv 1 \pmod{p}$ をえる． □

命題 7.13 の証明． (7.9) が解 (x, y) をもったとする．

$$x^2 - Dy^2 = -4$$

が成り立つ．p を D の奇数の素因数とする．$p \mid x$ なら $p \mid 4$ となり矛盾が生じる．したがって p と x は互いに素．この式を法 p で考えると，$p \mid D$ だから

$$x^2 \equiv -4 \pmod{p}.$$

両辺を $\frac{p-1}{2}$ 乗すると，

$$x^{p-1} \equiv (-1)^{\frac{p-1}{2}} 2^{p-1} \pmod{p}.$$

Fermat の小定理から $x^{p-1} \equiv 2^{p-1} \equiv 1 \pmod{p}$ だから $(-1)^{\frac{p-1}{2}} \equiv 1 \pmod{p}$ がわかる．$-1 \not\equiv 1 \pmod{p}$ だから $(p-1)/2$ は偶数，すなわち $p \equiv 1 \pmod{4}$ が成り立たなくてはならない． □

8 ▶ 2次体の整数と単数

　第6節では，2次無理数を含む体として2次体を定義した．この節では2次体の整数を定義し，その単数と Fermat-Pell の方程式の関係を述べる．

　第6節では2次無理数の判別式からスタートして2次体を定義したが，この節では平方因子をもたない数 m（つまり平方数でわれない数）から2次体 $\mathbb{Q}(\sqrt{m})$ を作る．

$$\mathbb{Q}(\sqrt{m}) = \{a + b\sqrt{m} \mid a, b \in \mathbb{Q}\}.$$

命題6.4と同様にして，$\mathbb{Q}(\sqrt{m})$ は体になることが示され，その中で四則演算が可能である．$\alpha = a + b\sqrt{m}$ の共役 $\alpha' = a - b\sqrt{m}$ も2次体 $\mathbb{Q}(\sqrt{m})$ の元である．

定義 8.1. $K = \mathbb{Q}(\sqrt{m})$ の元 $\alpha = a + b\sqrt{m}$ $(a, b \in \mathbb{Q})$ に対して，α のノルムを

$$N\alpha = \alpha\alpha' = a^2 - mb^2,$$

α のトレイスを

$$T\alpha = \alpha + \alpha' = 2a$$

で定義する．

　定義から直ちに $N\alpha, T\alpha \in \mathbb{Q}$ がわかる．

問 8.1　$\alpha, \beta \in K$ に対して，

$$N(\alpha\beta) = N\alpha \cdot N\beta, \quad T(\alpha + \beta) = T\alpha + T\beta$$

が成り立つことを示せ．

次数が n の多項式 $f(x) \in \mathbb{Z}[x]$ の x^n の係数（最高次係数とよばれる）が 1 であるとき f をモニックであるという.

次の定義で 2 次体の整数を定義するが，通常の整数と区別する必要がある場合は，$\mathbb{Z}$ の元を**有理整数**とよぶ.

定義 8.2. $K = \mathbb{Q}(\sqrt{m})$ を 2 次体とする. $\alpha \in K$ がモニックな有理整係数多項式の根であるとき，α は K の**整数**であるという. K の整数全体を $\mathscr{O}_K$ で表わす.

例 8.3. $K = \mathbb{Q}(\sqrt{m})$ とする. 通常の整数 $a \in \mathbb{Z}$ は $x - a$ の根なので $\mathbb{Z} \subset \mathscr{O}_K$ がわかる.

$m = 5$ とする. $K = \mathbb{Q}(\sqrt{5})$ である. $\frac{1+\sqrt{5}}{2} \in \mathscr{O}_K$ である. 実際，この数は $x^2 - x - 1$ の根であるから K の整数である. 一方，$\frac{1+\sqrt{5}}{3}$ は $9x^2 - 6x - 4$ の根で，この係数は互いに素だから，モニックな $\mathbb{Z}$ 係数多項式の根にはなれない. したがって $\frac{1+\sqrt{5}}{3} \notin \mathscr{O}_K$ がわかる.

補題 8.4. $\alpha \in K = \mathbb{Q}(\sqrt{m})$ に対して，α が K の整数になるための必要十分条件は $N\alpha \in \mathbb{Z}$ かつ $T\alpha \in \mathbb{Z}$ がみたされることである.

証明. ノルムとトレイスの定義から

$$(x - \alpha)(x - \alpha') = x^2 - (T\alpha)x + N\alpha$$

が成り立つ.

したがって α がモニックな多項式 $x^2 + bx + c$ $(b, c \in \mathbb{Z})$ の根なら，$-(T\alpha) = b \in \mathbb{Z}$ かつ $N\alpha = c \in \mathbb{Z}$ が成り立つ.

逆は上の式から明らか. $\qquad\square$

命題 8.5. $K = \mathbb{Q}(\sqrt{m})$ を 2 次体とする. ω を

$$\omega = \begin{cases} \sqrt{m} & m \equiv 2, 3 \pmod 4 \text{ のとき} \\ \dfrac{1 + \sqrt{m}}{2} & m \equiv 1 \pmod 4 \text{ のとき} \end{cases} \tag{8.1}$$

で定義する. このとき

$$\mathscr{O}_K = \mathbb{Z}[\omega] := \{a + b\omega \mid a, b \in \mathbb{Z}\}$$

が成り立つ.

証明. まず $\mathscr{O}_K \supset \mathbb{Z}[\omega]$ を示そう. $m \equiv 2, 3 \pmod 4$ のとき, $a, b \in \mathbb{Z}$ を使って $a + b\sqrt{m} \in \mathbb{Z}[\omega]$ とすると,

$$(x-(a+b\sqrt{m}))(x-(a-b\sqrt{m})) = x^2 - 2ax + (a^2 - b^2 m) \in \mathbb{Z}[x]$$

により, $a + b\sqrt{m} \in \mathscr{O}_K$ が導かれ, 主張が成立する. $m \equiv 1 \pmod 4$ のときも同様に

$$\left(x - \left(a + b \cdot \frac{1+\sqrt{m}}{2}\right)\right)\left(x - \left(a + b \cdot \frac{1-\sqrt{m}}{2}\right)\right)$$
$$= x^2 - (2a+b)x + \frac{1}{4}((2a+b)^2 - b^2 m)$$
$$= x^2 - (2a+b)x + a^2 + ab + \frac{1-m}{4}b^2 \in \mathbb{Z}[x]$$

により確かめられる.

次に逆の包含関係を示そう. a, b を有理数とする. $\alpha = a + b\sqrt{m} \in K$ が K の整数であるための条件は, 補題 8.4 から $N\alpha = a^2 - mb^2 \in \mathbb{Z}$, $T\alpha = 2a \in \mathbb{Z}$ である. 最初の式を 4 倍すると $(2a)^2 - m(2b)^2 \in \mathbb{Z}$ となるが, $2a \in \mathbb{Z}$ から $m(2b)^2 \in \mathbb{Z}$ をえる. m は平方因子をもたないので $2b \in \mathbb{Z}$ となる. そこで $u = 2a, v = 2b$ とおくと, $u^2 - mv^2 \equiv 0 \pmod 4$ が成り立つ.

$m \equiv 1 \pmod 4$ のとき, $u^2 \equiv v^2 \pmod 4$. これから $u \equiv v \pmod 2$ がわかる. よって $\alpha = (u + v\sqrt{m})/2$ と書ける. このとき

$$\alpha = \frac{u + v\sqrt{m}}{2} = \frac{u-v}{2} + v\omega \in \mathbb{Z}[\omega].$$

また $m \equiv 2, 3 \pmod 4$ のとき, $u^2 - mv^2 \equiv 0 \pmod 4$ が成り立つのは $u \equiv v \equiv 0 \pmod 2$ となるときに限る. このとき $\alpha = (u/2) + (v/2)\sqrt{m} = (u/2) + (v/2)\omega \in \mathbb{Z}[\omega]$ が成り立つ.

いずれの場合も $\mathscr{O}_K$ の元は 1 と ω の有理整数係数の一次結合として表される. したがって $\mathscr{O}_K \subset \mathbb{Z}[\omega]$. $\square$

$\mathscr{O}_K$ は, 和, 差, 積の演算について閉じていることが容易に確かめられるので, 次の系がえられる.

系 8.6. $\mathscr{O}_K$ は環である.

$\mathscr{O}_K$ を 2 次体 K の **整数環** とよぶ. また $(1, \omega)$ を $\mathscr{O}_K$ の **整数底** とよぶ.

定義 8.7. $(1, \omega)$ を $\mathscr{O}_K$ の整数底とするとき, 2 次体 K の **判別式** を

$$D_K = \begin{vmatrix} 1 & \omega \\ 1 & \omega' \end{vmatrix}^2 = \begin{cases} 4m & m \equiv 2, 3 \pmod{4} \text{ のとき} \\ m & m \equiv 1 \pmod{4} \text{ のとき} \end{cases}$$

で定義する.

命題 8.8. $\alpha \in K = \mathbb{Q}(\sqrt{m})$ とする. α の判別式を $D(\alpha)$ とすると, $D(\alpha) = D_K f^2$ をみたす正の整数 f が存在する. 特に $D(\alpha)$ は D_K の倍数である[31].

証明. α が $ax^2 + bx + c$ $(a, b, c \in \mathbb{Z}, (a, b, c) = 1, a > 0)$ の根であるとすると,

$$\alpha = \frac{-b \pm \sqrt{D(\alpha)}}{2a}.$$

$\alpha \in \mathbb{Q}(\sqrt{m})$ であるから, ある整数 $f \in \mathbb{Z}$ を使って $D(\alpha) = mf^2$ と表される. 補題 6.3 から $D(\alpha) \equiv 0$ または $1 \pmod{4}$ である.

まず $D(\alpha) \equiv 1 \pmod{4}$ とする. f は奇数になるので $f^2 \equiv 1 \pmod{4}$. これから $m \equiv 1 \pmod{4}$ であるから $D_K = m$. したがって $D(\alpha) = f^2 D_K$ が成り立つ.

一方, $D(\alpha) \equiv 0 \pmod{4}$ なら, m は平方因子を持たないので $2 \mid f$ でなくてはならない. したがって $D(\alpha) = 4m(f/2)^2$. ここで $D_K = m$ または $4m$ であるから, それにしたがって, $f/2$ または f をあらたに f とおくことにより命題が成り立つ. $\square$

命題 8.8 から, $K = \mathbb{Q}(\sqrt{m})$, $\alpha \in K$ なら

$$\mathbb{Q}(\sqrt{m}) = \mathbb{Q}(\sqrt{D_K}) = \mathbb{Q}(\sqrt{D(\alpha)})$$

が成り立つのがわかる.

2 次無理数の判別式となる整数 D のうち, ある 2 次体の判別式になるものを **基本判別式** とよぶ. 命題 8.8 により 2 次無理数の判別式は基本判別式に平方数をかけたものになる.

[31] $\alpha \in \mathscr{O}_K$ で $D(\alpha) = f^2 D_K$ であるとする. このとき, α は $\mathscr{O}_K$ の部分環 $\mathscr{O}_{K,f} = \mathbb{Z}[f\omega]$ に含まれることが示される. $\mathscr{O}_{K,f}$ を $\mathscr{O}_K$ の **導手** f の整環とよぶ.

定義 8.9. $\mathscr{O}_K$ の 0 でない元 α が乗法の逆元をもつとき，すなわち

$$\alpha\beta = 1$$

をみたす $\beta \in \mathscr{O}_K$ が存在するとき，α を $\mathscr{O}_K$ の**単数**であるという．$\mathscr{O}_K$ の単数の全体を $\mathscr{O}_K^\times$ で表す．$\mathscr{O}_K^\times$ は K のかけ算を積として群をなす．$\mathscr{O}_K^\times$ を K の**単数群**という．

命題 8.10. 整数 $\alpha \in \mathscr{O}_K$ が単数であるための必要十分条件は $N\alpha$ が $+1$ または -1 のいずれかに一致することである．

証明. $\alpha \in \mathscr{O}_K$ なら，その共役 α' も $\mathscr{O}_K$ の元であることに注意する．α を単数とし，その逆元を β とすると，$\alpha\beta = 1$. 両辺のノルムをとると，問 8.1 により $N\alpha\, N\beta = \pm 1$. $N\alpha, N\beta$ は整数だから $N\alpha = \pm 1$ である．

　逆に $N\alpha = \alpha\alpha' = \pm 1$ なら，α' または $-\alpha'$ が α の逆元になる． $\qquad\square$

定理 8.11. K を 2 次体とする．$D_K > 0$ とする．Fermat-Pell の方程式

$$x^2 - D_K y^2 = \pm 4 \tag{8.2}$$

の基本解 (x, y) を使って，$\varepsilon = (x + y\sqrt{D_K})/2$ とするとき，

$$\mathscr{O}_K^\times = \{\pm\varepsilon^n \mid n \in \mathbb{Z}\}.$$

この ε を 2 次体 K の**基本単数**とよぶ．

証明. 問 8.1 から

$$N(\pm\varepsilon^n) = N(\pm 1)N(\varepsilon)^n = \left(\frac{x^2 - D_K y^2}{4}\right)^n = (\pm 1)^n.$$

また $Tr(\varepsilon) = x \in \mathbb{Z}$ であるから，補題 8.4 より ε は代数的整数になり，さらに，命題 8.10 から $\pm\varepsilon^n \in \mathscr{O}_K^\times$ がわかる．

　逆に $a + b\omega \in \mathscr{O}_K$ が単数であるとすると，命題 8.10 から

$$\pm 4 = 4N(a+b\omega) = \begin{cases} (2a)^2 - b^2 D_K & m \equiv 2, 3 \pmod 4 \text{ のとき} \\ (2a+b)^2 - b^2 D_K & m \equiv 1 \pmod 4 \text{ のとき} \end{cases}.$$

いずれの場合も単数が (8.2) の解からえられることがわかる．定理 7.8 から，(8.2) の解は整数 n を使って $\pm\varepsilon^n$ の形であるから，定理の主張が成り立つ． $\square$

命題 8.10 の証明から，Fermat-Pell の方程式は 2 次体の整数 $\frac{x+y\sqrt{D}}{2}$ が単数になるための条件を与えている方程式であることがわかる．そして，右辺が -4 の Fermat-Pell の方程式が解をもつことと，基本解からえられる基本単数のノルムが -1 に等しいことが同値である．

前節でえられた定理 7.10 を言い換えておく．

系 8.12. $D(\alpha) = D_K$ をみたす 2 次体 K の整数 α に対して，

$$\mathrm{Stab}(\alpha) \cong \mathscr{O}_K^\times$$

が成り立つ[32]．

32) 一般には整環 $\mathscr{O}_{K,f}$ の単数群と同型になる．

補注 8.13. この節の命題 8.10 までは，m の正負に関して，条件をつけてこなかったが，定理 8.11 の後半では，第 7 節の結果を使うので，$m > 0$ としなくてはならない．

$m > 0$ のとき，2 次体 $\mathbb{Q}(\sqrt{m})$ を**実 2 次体**とよび，$m < 0$ のとき，**虚 2 次体**とよぶ．

虚 2 次体でも単数は (8.2) の解として求まる．$m < 0$ の場合，(8.2) において $|x|, |y| \le 4$ が成り立つので解は有限個で，(8.2) の右辺に負の符号は現れない．$D_K < -4$ なら解は $(x, y) = (\pm 2, 0)$ しかない．$D_K = -3, -4$ のときも簡単に求められて，まとめると

$$\mathscr{O}_K^\times = \begin{cases} \{\pm 1\} & D_K \ne -3, -4 \text{ のとき} \\ \left\{\pm 1, \pm\frac{-1+\sqrt{-3}}{2}, \pm\frac{1+\sqrt{-3}}{2}\right\} & D_K = -3 \text{ のとき} \\ \{\pm 1, \pm\sqrt{-1}\} & D_K = -4 \text{ のとき} \end{cases}$$

となる．これらはそれぞれ 1 の平方根，6 乗根，および 4 乗根の全体のなす群になっている．

例 8.14. $K = \mathbb{Q}(\sqrt{15})$ の判別式は $D_K = 4 \cdot 15 = 60$ である．K の基本単数 ε を求めるために，$\sqrt{15} \in I_2(60)$ の連分数展開

を求めると，

$$\sqrt{15} = [3; \overline{1,6}]$$

このとき $\alpha = [\overline{1,6}] \in R_2(60)$.

$$\begin{bmatrix} p_1 & p_0 \\ q_1 & q_0 \end{bmatrix} = \begin{bmatrix} 1 & 1 \\ 1 & 0 \end{bmatrix} \begin{bmatrix} 6 & 1 \\ 1 & 0 \end{bmatrix} = \begin{bmatrix} 7 & 1 \\ 6 & 1 \end{bmatrix}.$$

α は $\alpha = \frac{7\alpha+1}{6\alpha+1}$ をみたすから

$$6\alpha^2 - 6\alpha - 1 = 0.$$

$x = p_1 + q_0 = 8$, $y = q_1/6 = 1$ となるので基本単数は

$$\varepsilon = \frac{x + y\sqrt{60}}{2} = 4 + \sqrt{15}$$

となる．したがって $\mathbb{Q}(\sqrt{15})$ の単数群は

$$\mathscr{O}_K^\times = \{\pm(4 + \sqrt{15})^n \mid n \in \mathbb{Z}\}$$

である．

問 8.2 $\mathbb{Q}(\sqrt{19})$ の基本単数を求めよ．

2 次体の整数底の連分数展開

(8.1) で定義した整数底 ω の連分数展開が次のような対称性をもつことを示そう．

命題 8.15. m を平方数ではない正の整数とする．

$$\sqrt{m} = [a_0; \overline{a_1, \ldots, a_{t-1}, 2a_0}], \qquad (a_1, \ldots, a_{t-1}) = (a_{t-1}, \ldots, a_1) \quad (8.3)$$

$$\frac{1 + \sqrt{m}}{2} = [a_0; \overline{a_1, \ldots, a_{t-1}, 2a_0 - 1}], \quad (a_1, \ldots, a_{t-1}) = (a_{t-1}, \ldots, a_1) \quad (8.4)$$

ここで，例えば (8.3) の $(a_1, \ldots, a_{t-1}) = (a_{t-1}, \ldots, a_1)$ は 2 つの有限数列 $(a_1, \ldots, a_{t-1})$ と $(a_{t-1}, \ldots, a_1)$ が一致することを示す．

次の補題は計算によって証明できる．

補題 8.16. $A = \begin{bmatrix} \frac{x-by}{2} & -cy \\ ay & \frac{x+by}{2} \end{bmatrix}$ とする.

(i) $b = 0$ ならば, 行列

$$\begin{bmatrix} s & t \\ u & v \end{bmatrix} A \begin{bmatrix} t & v \\ s & u \end{bmatrix}$$

は対称行列である.

(ii) $a \neq 0$ ならば, 行列

$$\begin{bmatrix} 0 & t \\ u & v \end{bmatrix} A \begin{bmatrix} t & v - \frac{ub}{a} \\ 0 & u \end{bmatrix}$$

は対称行列である.

問 8.3 補題 8.16 を証明せよ.

命題 8.15 の証明. $\alpha = \lfloor \sqrt{m} \rfloor + \sqrt{m}$ を考える. $\alpha' = \lfloor \sqrt{m} \rfloor - \sqrt{m}$ が -1 と 0 の間にあるので $\alpha \in R_2(4m)$ である. $a_0 = \lfloor \sqrt{m} \rfloor$ とおくと, $\lfloor \alpha \rfloor = 2a_0$. したがって

$$\alpha = a_0 + \sqrt{m} = \overline{[2a_0, a_1, \dots, a_{t-1}]}$$

の形に書ける. 両辺から a_0 をひくと,

$$\begin{aligned} \sqrt{m} &= [a_0; \overline{a_1, \dots, a_{t-1}, 2a_0}] \\ &= [a_0; a_1, \dots, a_{t-1}, \overline{2a_0, a_1, \dots, a_{t-1}}] \\ &= [a_0; a_1, \dots, a_{t-1}, a_0 + \sqrt{m}]. \end{aligned} \tag{8.5}$$

(8.5) を

$$a_0 + \sqrt{m} = \begin{bmatrix} 1 & a_0 \\ 0 & 1 \end{bmatrix} \sqrt{m}$$

を使って, 行列で書きなおすと,

$$\sqrt{m} = \begin{bmatrix} a_0 & 1 \\ 1 & 0 \end{bmatrix} \left\{ \begin{bmatrix} a_1 & 1 \\ 1 & 0 \end{bmatrix} \cdots \begin{bmatrix} a_{t-1} & 1 \\ 1 & 0 \end{bmatrix} \right\} \begin{bmatrix} 1 & a_0 \\ 0 & 1 \end{bmatrix} \sqrt{m}.$$

括弧の中の行列の積を B とおく. 定理 7.4 を $a = 1$, $b = 0$, $c =$

$-m$, $D = 4m$ として使うと，

$$\begin{bmatrix} a_0 & 1 \\ 1 & 0 \end{bmatrix} B \begin{bmatrix} 1 & a_0 \\ 0 & 1 \end{bmatrix} = \begin{bmatrix} x/2 & my \\ y & x/2 \end{bmatrix}$$

をみたす $x, y \in \mathbb{Z}$ が存在することがわかる．これから，

$$B = \begin{bmatrix} a_0 & 1 \\ 1 & 0 \end{bmatrix}^{-1} \begin{bmatrix} x/2 & my \\ y & x/2 \end{bmatrix} \begin{bmatrix} 1 & a_0 \\ 0 & 1 \end{bmatrix}^{-1}$$

$$= \begin{bmatrix} 0 & 1 \\ 1 & -a_0 \end{bmatrix} \begin{bmatrix} x/2 & my \\ y & x/2 \end{bmatrix} \begin{bmatrix} 1 & -a_0 \\ 0 & 1 \end{bmatrix}.$$

補題 8.16 (i) から B は対称行列である．したがって B はその転置行列と等しいから，

$$\begin{bmatrix} a_1 & 1 \\ 1 & 0 \end{bmatrix} \cdots \begin{bmatrix} a_{t-1} & 1 \\ 1 & 0 \end{bmatrix} = \begin{bmatrix} a_{t-1} & 1 \\ 1 & 0 \end{bmatrix} \cdots \begin{bmatrix} a_1 & 1 \\ 1 & 0 \end{bmatrix}.$$

これから $(a_1, \ldots, a_{t-1}) = (a_{t-1}, \ldots, a_1)$ がわかる．

このことは次のように Galois の定理 （命題 6.20）を使っても示すことができる．

$$-\frac{1}{a_0 - \sqrt{m}} = \overline{[a_{t-1}, \ldots, a_1, 2a_0]}.$$

一方

$$\sqrt{m} - a_0 = [0; \overline{a_1, \ldots, a_{t-1}, 2a_0}] = \frac{1}{\overline{[a_1, \ldots, a_{t-1}, 2a_0]}}$$

なので

$$-\frac{1}{a_0 - \sqrt{m}} = \overline{[a_1, \ldots, a_{t-1}, 2a_0]}.$$

以上から $(a_1, \ldots, a_{t-1}) = (a_{t-1}, \ldots, a_1)$ が再び導かれた．

次に

$$\beta = \frac{1 + \sqrt{m}}{2} + \left\lfloor \frac{\sqrt{m} - 1}{2} \right\rfloor$$

を考える．$\beta > 1$ で

$$\beta' = -\frac{\sqrt{m} - 1}{2} + \left\lfloor \frac{\sqrt{m} - 1}{2} \right\rfloor$$

より，$-1 < \beta' < 0$ がわかり，したがって β は簡約 2 次無理数

である．$a_0 = \lfloor (1 + \sqrt{m})/2 \rfloor$ とおくと，

$$\left\lfloor \frac{\sqrt{m}-1}{2} \right\rfloor = \left\lfloor \frac{1+\sqrt{m}}{2} - 1 \right\rfloor = a_0 - 1.$$

よって，

$$\beta = \frac{1+\sqrt{m}}{2} + \left\lfloor \frac{\sqrt{m}-1}{2} \right\rfloor = \overline{[2a_0 - 1, a_1, \ldots, a_{t-1}]}$$

と書ける．これから

$$\frac{1+\sqrt{m}}{2} = [a_0; \overline{a_1, \ldots, a_{t-1}, 2a_0 - 1}] = \left[a_0; a_1, \ldots, a_{t-1}, a_0 - 1 + \frac{1+\sqrt{m}}{2} \right].$$

前半と同様に B を定義し，行列を使って書きなおすと，

$$\frac{1+\sqrt{m}}{2} = \begin{bmatrix} a_0 & 1 \\ 1 & 0 \end{bmatrix} B \begin{bmatrix} 1 & a_0 - 1 \\ 0 & 1 \end{bmatrix} \frac{1+\sqrt{m}}{2}.$$

$a = 4$, $b = -4$, $c = 1 - m$, $D = 16m$ として定理 7.4 を使うと，

$$\begin{bmatrix} a_0 & 1 \\ 1 & 0 \end{bmatrix} B \begin{bmatrix} 1 & a_0 - 1 \\ 0 & 1 \end{bmatrix} = \begin{bmatrix} (x+4y)/2 & (m-1)y \\ 4y & (x-4y)/2 \end{bmatrix}$$

をみたす整数 x, y が存在することがわかる．これから

$$B = \begin{bmatrix} 0 & 1 \\ 1 & -a_0 \end{bmatrix} \begin{bmatrix} (x+4y)/2 & (m-1)y \\ 4y & (x-4y)/2 \end{bmatrix} \begin{bmatrix} 1 & 1-a_0 \\ 0 & 1 \end{bmatrix}.$$

補題 8.16 (ii) によって B は対称行列である．これから前半と同様にして結論がえられる．

$\square$

例 8.17. これまでにもこの形の 2 次無理数をいくつか連分数展開してきたが，いくつかまとめて，上で求めた整数底の連分数展開の対称性を鑑賞しておくことにしよう．

$$\sqrt{7} = [2; \overline{1,1,1,4}], \qquad \sqrt{21} = [4; \overline{1,1,2,1,1,8}],$$

$$\sqrt{29} = [5; \overline{2,1,1,2,10}], \qquad \frac{1+\sqrt{17}}{2} = [2; \overline{1,1,3}],$$

$$\frac{1+\sqrt{43}}{2} = [3; \overline{1,3,1,1,12,1,1,3,1,5}], \qquad \frac{1+\sqrt{59}}{2} = [4; \overline{2,1,14,1,2,7}].$$

問 8.4 d を自然数とする.$\sqrt{d^2-1}, \sqrt{d^2-2}$ が無理数のとき,それぞれの連分数展開を求めよ.

系 8.18. 連分数展開 $\sqrt{m} = [a_0; \overline{a_1, \ldots, a_{t-1}, 2a_0}]$ の $t-1$ 番目の近似分数

$$\frac{p_{t-1}}{q_{t-1}} = [a_0; a_1, \ldots, a_{t-1}]$$

は,

$$p_{t-1}^2 - mq_{t-1}^2 = (-1)^t$$

をみたす.

証明. p_{t-1}, q_{t-1} の定義から,

$$[2a_0; a_1, \ldots, a_{t-1}] = a_0 + \frac{p_{t-1}}{q_{t-1}}.$$

(8.5) から

$$\sqrt{m} = [a_0; a_1, \ldots, a_{t-1}, a_0 + \sqrt{m}] = \begin{bmatrix} p_{t-1} & p_{t-2} \\ q_{t-1} & q_{t-2} \end{bmatrix} \begin{bmatrix} 1 & a_0 \\ 0 & 1 \end{bmatrix} \sqrt{m}.$$

したがって定理 7.4 から

$$\begin{bmatrix} p_{t-1} & p_{t-2} \\ q_{t-1} & q_{t-2} \end{bmatrix} \begin{bmatrix} 1 & a_0 \\ 0 & 1 \end{bmatrix} = \begin{bmatrix} x/2 & my \\ y & x/2 \end{bmatrix}. \qquad (8.6)$$

をみたす $x, y \in \mathbb{Z}$ が存在する.これから $x = 2p_{t-1}, y = q_{t-1}$ である.(8.6) の両辺の行列式をとると,$x^2 - 4my^2 = (-1)^t 4$ だから,

$$p_{t-1}^2 - mq_{t-1}^2 = (-1)^t$$

が成立する. □

$x^2 - my^2 = \pm 1$ の形の不定方程式も Fermat-Pell の方程式とよばれる.命題 8.10 により $p_{t-1} + \sqrt{m}q_{t-1}$ は 2 次体 $\mathbb{Q}(\sqrt{m})$ の単数になる.

例 8.19. $x^2 - 19y^2 = \pm 1$ の解を求めてみよう.

$$\sqrt{19} = [4; \overline{2, 1, 3, 1, 2, 8}].$$

必要な近似分数を計算すると

$$\begin{bmatrix} 4 & 1 \\ 1 & 0 \end{bmatrix} \begin{bmatrix} 2 & 1 \\ 1 & 0 \end{bmatrix} \begin{bmatrix} 1 & 1 \\ 1 & 0 \end{bmatrix} \begin{bmatrix} 3 & 1 \\ 1 & 0 \end{bmatrix} \begin{bmatrix} 1 & 1 \\ 1 & 0 \end{bmatrix} \begin{bmatrix} 2 & 1 \\ 1 & 0 \end{bmatrix} = \begin{bmatrix} \mathbf{170} & 61 \\ \mathbf{39} & 14 \end{bmatrix}.$$

$$p_5{}^2 - 19q_5{}^2 = 170^2 - 19 \cdot 39^2 = 1.$$

$u = 170 + 39\sqrt{19}$ とおくと，これは $\mathbb{Q}(\sqrt{19})$ の基本単数で

$$u^2 = 57799 + 133260\sqrt{19}, \quad u^3 = 19651490 + 4508361\sqrt{19}$$

などももちろん単数になっている．

問 8.5　$x^2 - 41y^2 = \pm 1$ の整数解を 1 つ求めよ.

より一般に次の事実が成り立つことにも注意をしておこう．

命題 8.20.　m を平方数でない正の整数とする．k を $0 < k^2 < m$ をみたす整数とする．2 次不定方程式

$$x^2 - my^2 = k$$

の正の解を x, y とすると $\dfrac{x}{y}$ は $\sqrt{m}$ の連分数展開のある近似分数である．

証明. まず $k > 0$ とする．条件から $x/y > \sqrt{m}$ が成立し，これから $xy > y^2\sqrt{m}$ となる．$(x - \sqrt{m}\,y)(x + \sqrt{m}\,y) = k$ から，

$$0 < \frac{x}{y} - \sqrt{m} = \frac{k}{y(x + \sqrt{m}\,y)} < \frac{\sqrt{m}}{xy + y^2\sqrt{m}} < \frac{\sqrt{m}}{2y^2\sqrt{m}} = \frac{1}{2y^2}.$$

命題 4.9 から，x/y は $\sqrt{m}$ のある近似分数に等しい．次に $k < 0$ とする．このときは $y/x > 1/\sqrt{m}$ が成立するので，同様の計算で

$$0 < \frac{y}{x} - \frac{1}{\sqrt{m}} = -\frac{k}{m\left(xy + \dfrac{x^2}{\sqrt{m}}\right)} < \frac{1}{\sqrt{m}\left(xy + \dfrac{x^2}{\sqrt{m}}\right)} < \frac{1}{2x^2}.$$

命題 4.9 から，y/x は $1/\sqrt{m}$ のある近似分数に等しい．一方，$\sqrt{m}$ の連分数展開を $[a_0; a_1, a_2, \dots]$ とすると $1/\sqrt{m}$ の連分数展開は $[0; a_0, a_1, \dots]$ となる．$\sqrt{m}$ の近似分数を p_n/q_n とすると，

$$\begin{bmatrix} 0 & 1 \\ 1 & 0 \end{bmatrix} \begin{bmatrix} a_0 & 1 \\ 1 & 0 \end{bmatrix} \begin{bmatrix} a_1 & 1 \\ 1 & 0 \end{bmatrix} \cdots \begin{bmatrix} a_n & 1 \\ 1 & 0 \end{bmatrix}$$

$$= \begin{bmatrix} 0 & 1 \\ 1 & 0 \end{bmatrix} \begin{bmatrix} p_n & p_{n-1} \\ q_n & q_{n-1} \end{bmatrix} = \begin{bmatrix} q_n & q_{n-1} \\ p_n & p_{n-1} \end{bmatrix}$$

によって, $1/\sqrt{m}$ の近似分数は q_n/p_n の形になる. よってこの場合も x/y は $\sqrt{m}$ の近似分数に等しい. $\qquad\square$

例 **8.21.** 例 8.19 の $\sqrt{19}$ の近似分数 p_n/q_n に対して, 順に $p_n^2 - 19q_n^2$ を計算してみると, 次のようになる.

n	p_n/q_n	$p_n^2 - 19q_n^2$
0	4/1	-3
1	9/2	5
2	13/3	-2
3	48/11	5
4	61/14	-3
5	39/170	1
6	1421/326	-3

次に命題 8.15 の応用として次の命題を示そう.

命題 **8.22.** m を平方数ではない正の整数とし, $\sqrt{m}$ の連分数展開

$$\sqrt{m} = [a_0; \overline{a_1, \ldots, a_{t-1}, 2a_0}]$$

において, t が奇数であるとする. このとき m は 2 つの平方数の和に表される.

具体的には, $t = 2s + 1$ とし, $\dfrac{p_k}{q_k}$ を $\sqrt{m}$ の近似分数とするとき,

$$m = (-p_s p_{s-1} + m q_s q_{s-1})^2 + (p_s^2 - m q_s^2)^2$$

が成り立つ.

証明[33]. $n \geq 0$ に対して $\sqrt{m} = [a_0; a_1, \ldots, a_{n-1}, \alpha_n]$ によって $\alpha_n \in \mathbb{Q}(\sqrt{m})$ を定義すると

$$\sqrt{m} = \begin{bmatrix} p_{n-1} & p_{n-2} \\ q_{n-1} & q_{n-2} \end{bmatrix} \alpha_n$$

[33] この命題の証明は [11] を参考にした.

であるから，逆行列を両辺にかけて

$$\alpha_n = \begin{bmatrix} q_{n-2} & -p_{n-2} \\ -q_{n-1} & p_{n-1} \end{bmatrix} \sqrt{m} = \frac{q_{n-2}\sqrt{m} - p_{n-2}}{-q_{n-1}\sqrt{m} + p_{n-1}}$$

$$= \frac{(-p_{n-1}p_{n-2} + mq_{n-1}q_{n-2}) + (-1)^n\sqrt{m}}{p_{n-1}^2 - mq_{n-1}^2}.$$

ここで

$$A_n = (-1)^n(-p_{n-1}p_{n-2} + mq_{n-1}q_{n-2}),$$

$$B_n = (-1)^n(p_{n-1}^2 - mq_{n-1}^2)$$

とおくと，

$$\alpha_n = \frac{A_n + \sqrt{m}}{B_n}$$

である．$\alpha_n = a_n + 1/\alpha_{n+1}$ から，

$$\frac{A_n + \sqrt{m}}{B_n} = a_n + \frac{B_{n+1}}{A_{n+1} + \sqrt{m}}.$$

通分して分子を比較すると，

$$(A_n + \sqrt{m})(A_{n+1} + \sqrt{m}) = a_n(A_{n+1} + \sqrt{m})B_n + B_{n+1}B_n.$$

この両辺の $\sqrt{m}$ の係数を比較すると，

$$A_n + A_{n+1} = a_n B_n. \tag{8.7}$$

次に同じ式の1の係数を比較し，(8.7) を使うと

$$m = -A_n A_{n+1} + a_n A_{n+1} B_n + B_n B_{n+1}$$

$$= A_{n+1}^2 + B_n B_{n+1} \tag{8.8}$$

がえられる．

　ここで $k = 0, 1, \ldots, t$ に対して，

$$B_k = B_{t-k} \tag{8.9}$$

が成立することを帰納的に証明する．まず

$$\alpha_n = \frac{A_n + \sqrt{m}}{B_n}$$

であったことを思い出しておく. $\alpha_0 = \sqrt{m}$ だから, $B_0 = 1$. また $\alpha_t = \overline{[2a_0, a_1, \ldots, a_{t-1}]} = a_0 + \sqrt{m}$ だから $B_t = 1$. さらに

$$\alpha_1 = \begin{bmatrix} a_0 & 1 \\ 1 & 0 \end{bmatrix}^{-1} \alpha_0 = \frac{1}{\alpha_0 - a_0} = \frac{a_0 + \sqrt{m}}{m - a_0^2}$$

および

$$\alpha_{t-1} = a_{t-1} + \frac{1}{\alpha_t} = a_{t-1} + \frac{1}{a_0 + \sqrt{m}} = a_{t-1} + \frac{\sqrt{m} - a_0}{m - a_0^2}$$

から $B_1 = B_{t-1} = m - a_0^2$. したがって (8.9) は $k = 0, 1$ について成り立つ. (8.9) が k まで成り立つと仮定する. (8.7) と (8.8) から

$$\sqrt{m - B_k B_{k-1}} + \sqrt{m - B_k B_{k+1}} = a_k B_k.$$

ここで, (8.8) から根号の中身は正である. この式の k を $t-k$ で置き換える. 帰納法の仮定より, $B_k = B_{t-k}$, $B_{k-1} = B_{t-k+1}$ であって, 命題 8.15 から $a_k = a_{t-k}$ であるから,

$$\sqrt{m - B_k B_{t-k-1}} + \sqrt{m - B_k B_{k-1}} = a_k B_k.$$

両式を比較すると, $B_{k+1} = B_{t-k-1}$ がえられ, 証明が終了する.

さて t が奇数で $t = 2s + 1$ と表すと, (8.9) から $B_s = B_{s+1}$. (8.8) で $n = s + 1$ とすると, $m = A_{s+1}^2 + B_{s+1}^2$ となり m が 2 つの平方数の和になることがわかる. □

系 8.23 (Fermat の 2 平方和定理). 奇素数 p について次は同値である.

(i) p は 2 つの平方数の和に等しい.

(ii) $p \equiv 1 \pmod{4}$.

証明. (i) から (ii) を導くのはやさしい. 正の整数 x, y を使って $p = x^2 + y^2$ と表されたとすると, p が奇素数であることから, x と y の偶奇は異なる. 対称性より x が奇数, y が偶数としてよい. このとき $x^2 \equiv 1 \pmod{4}$, $y^2 \equiv 0 \pmod{4}$ であるから, $p = x^2 + y^2 \equiv 1 \pmod{4}$ となる.

逆を証明する. $p \equiv 1 \pmod 4$ のとき命題 7.12 から $x^2 - py^2 = -4$ に解が存在する. 補注 7.11 から, 簡約 2 次無理数 $\alpha = a_0 + \sqrt{p} = [\overline{2a_0, a_1, \ldots, a_{t-1}}]$ の周期は奇数, したがって $\sqrt{p} = [a_0; \overline{a_1, \ldots, a_{t-1}, 2a_0}]$ の周期も奇数になる. よって命題 8.22 から p は 2 つの平方数の和で表される. □

例 8.24. 例 8.17 より $\sqrt{29} = [5, \overline{2, 1, 1, 2, 10}]$ である. $t = 5$ となるので, $s = 2$ である.

$$\begin{bmatrix} p_2 & p_1 \\ q_2 & q_1 \end{bmatrix} = \begin{bmatrix} 16 & 11 \\ 3 & 2 \end{bmatrix}$$

により,

$$\alpha_3 = \begin{bmatrix} 2 & -11 \\ -3 & 16 \end{bmatrix} \sqrt{29} = \frac{2 + \sqrt{29}}{5}$$

であるから, $A_3 = 2, B_3 = -5$ がえられ, $29 = 2^2 + 5^2$ という表示がえられる.

Fermat の 2 平方和定理にはいろいろな証明が知られているが, この証明では $p = x^2 + y^2$ の解が連分数展開から具体的に求められるのがおもしろい.

問 8.6 173 が 2 つの平方数の和で表されることを示し, 実際にその表示を求めよ.

9 ▶ 類数

私たちはユニモジュラー群 $\mathrm{GL}_2(\mathbb{Z})$ の無理数の集合 $\mathbb{R}-\mathbb{Q}$ への作用を使って無理数を分類してきたが，ここでその状況を総括することにしよう．

- 無理数 α と β が同値（定義 5.7）であることと，α と β の連分数展開の先の方が一致することが同値である（定理 5.10）.
- ユニモジュラー群 $\mathrm{GL}_2(\mathbb{Z})$ は正の判別式 D の 2 次無理数の集合 $I_2(D)$ に作用する（補題 6.8）.
- $I_2(D)$ への作用による軌道の代表元を，簡約 2 次無理数（定義 6.10）の集合 $R_2(D)$ からとることができる（定理 6.15）.
- $R_2(D)$ は有限集合（命題 6.13）で，その元の連分数展開は純循環連分数になる（定理 6.18）.
- $\alpha = [\overline{a_0, a_1, \ldots, a_{t-1}}] \in R_2(D)$ とする．ここで t は周期とする．$k > t$ に対して，$\alpha = [a_0, a_1, \ldots, a_{k-1}, \alpha_k]$ で α_k を定義すると，α_k は α と同値な簡約 2 次無理数である．（定理 6.15）.

$I_2(D)$ の $\mathrm{GL}_2(\mathbb{Z})$ の作用での同値類分解を

$$I_2(D) = H_1 \sqcup H_2 \sqcup \ldots \sqcup H_h$$

とする．この各類 H_i には少なくとも 1 つの $R_2(D)$ の簡約 2 次無理数が含まれているわけである．この同値類の個数を $h = h(D)$ と書いて $I_2(D)$ の**類数**とよぶ．

いくつかの D に対して，例 6.14 の方法で $R_2(D)$ を求めて，類数 $h(D)$ を決定してみよう．

例 9.1. $D = 17$ とする．

$$R_2(17) = \left\{ \frac{3+\sqrt{17}}{4}, \frac{3+\sqrt{17}}{2}, \frac{1+\sqrt{17}}{4} \right\}.$$

連分数展開は

$$\frac{3+\sqrt{17}}{4} = \overline{[3,1,1]}, \quad \frac{3+\sqrt{17}}{2} = \overline{[1,1,3]}, \quad \frac{1+\sqrt{17}}{4} = \overline{[1,3,1]}.$$

定理 5.10 より，これらはすべて同値である．したがって類数は $h(17) = 1$ となる．

例 6.17 から $I_2(40)$ の類数 $h(40)$ は 2 であることがわかるが，より大きい類数をもつの判別式の例を上げておこう．

例 9.2. $D = 148$ とする．$R_2(148)$ の元とその連分数展開は次のとおり．

$$\frac{12+\sqrt{148}}{2} = \overline{[12]},$$

$$\frac{10+\sqrt{148}}{8} = \overline{[3,1,2]}, \qquad \frac{10+\sqrt{148}}{6} = \overline{[2,1,3]},$$

$$\frac{8+\sqrt{148}}{14} = \overline{[3,2,1]}, \qquad \frac{8+\sqrt{148}}{6} = \overline{[1,2,3]},$$

$$\frac{6+\sqrt{148}}{14} = \overline{[2,3,1]}, \qquad \frac{6+\sqrt{148}}{8} = \overline{[1,3,2]}.$$

2 つの元が同値であることを定義 5.7 にしたがって $\sim$ で表すことにすると，

$$\frac{10+\sqrt{148}}{8} \sim \frac{8+\sqrt{148}}{6} \sim \frac{6+\sqrt{148}}{14},$$

$$\frac{10+\sqrt{148}}{6} \sim \frac{8+\sqrt{148}}{14} \sim \frac{6+\sqrt{148}}{8}.$$

以上より $h(148) = 3$．なお $D = 148$ は基本判別式ではないことに注意しておく．

たくさんの D について類数を計算してみると，多くの D に対して $h(D) = 1$ が成り立つことが観察される．例えば，$D < 100$ では

$$D = 5, 8, 12, 13, 17, 20, 21, 24, 28, 29, 32, 33, 37, 41, 44, 45, 48,$$

$52, 53, 56, 57, 61, 68, 69, 72, 73, 76, 77, 80, 84, 88, 89, 92, 93, 97$

に対して $h(D) = 1$ が成り立つ. このことに関して次の有名な未解決予想がある.

予想 9.3（**Gauss 予想**）. $h(D) = 1$ となる判別式 D は無数にある.

補注 9.4. K を 2 次体, D_K をその判別式とするとき, $h(D_K) = 1$ となることと, K の整数環 $\mathscr{O}_K$ で素因数分解の一意性が成り立つことが同値であることが知られている. したがって, $h(D_K)$ は素因数分解の一意性の成り立ちにくさを表す尺度ともいえる.

さて, これで私たちの目標の 1 つであった 2 次無理数の分類は完了したわけであるが, 2 次体の理論などで, より詳しい分類が必要になることがある. その新しい分類を定義しよう.

ユニモジュラー群 $\mathrm{GL}_2(\mathbb{Z})$ は整数成分の 2 次の正則行列全体のなす群であった. その元の行列式は ± 1 である. $\mathrm{GL}_2(\mathbb{Z})$ の元のうち判別式が $+1$ になるもの全体を

$$\mathrm{SL}_2(\mathbb{Z}) = \{A \in \mathrm{GL}_2(\mathbb{Z}) \mid \det A = 1\}$$

と書く. この群は**モジュラー群**とよばれる.

補題 9.5. $\mathrm{SL}_2(\mathbb{Z})$ は $\mathrm{GL}_2(\mathbb{Z})$ の部分群である.

証明. p.63 で定義したように群の部分集合で, 元の群の演算に関して, それ自身が群になっているものが部分群である. $\mathrm{SL}_2(\mathbb{Z})$ は $\mathrm{GL}_2(\mathbb{Z})$ の部分集合であり, $A, B \in \mathrm{SL}_2(\mathbb{Z})$ とすればその積の行列式は $|AB| = |A||B| = 1$ であるから, $AB \in \mathrm{SL}_2(\mathbb{Z})$ となる. 結合法則は $\mathrm{GL}_2(\mathbb{Z})$ で成り立っているから $\mathrm{SL}_2(\mathbb{Z})$ でも成り立つ. $\mathrm{GL}_2(\mathbb{Z})$ の単位元 E は, 行列式が 1 なので $\mathrm{SL}_2(\mathbb{Z})$ にも含まれる. 最後に $A \in \mathrm{SL}_2(\mathbb{Z})$ のとき, $\mathrm{GL}_2(\mathbb{Z})$ に存在する A の逆行列 A^{-1} の行列式は $|A^{-1}| = |A|^{-1} = 1$ であるから, $A^{-1} \in \mathrm{SL}_2(\mathbb{Z})$ となることがわかる. $\qquad\square$

問 9.1 $\mathrm{GL}_2(\mathbb{Z})$ の部分集合

$$\{A \in \mathrm{GL}_2(\mathbb{Z}) \mid \det A = -1\}$$

は部分群でないことを示せ.

 $\alpha \in I_2(D)$, $A \in \mathrm{SL}_2(\mathbb{Z})$ なら, $A \in \mathrm{GL}_2(\mathbb{Z})$ とも考えられるから, 補題 6.8 により, $A\alpha \in I_2(D)$ がわかる. したがって $\mathrm{SL}_2(\mathbb{Z})$ も $I_2(D)$ に作用する. この作用による同値関係を次のように定義する.

定義 9.6. $\alpha, \beta \in I_2(D)$ に対して, $\alpha = A\beta$ とみたす $A \in \mathrm{SL}_2(\mathbb{Z})$ が存在するとき, α と β は**正同値**であるといい, $\alpha \overset{+}{\sim} \beta$ で表す. この同値に関する 2 次無理数の同値類を**正の同値類**とよぶ.

 $\mathrm{SL}_2(\mathbb{Z})$ は群であるから, 命題 5.4 により, 上で定義した関係は同値関係になる[34].

次の命題は定義からすぐに導かれる.

34) 正同値は文献によっては狭義同値ともいわれる.

命題 9.7. $\alpha, \beta \in I_2(D)$ が正同値なら, 同値である. すなわち,

$$\alpha \overset{+}{\sim} \beta \Longrightarrow \alpha \sim \beta$$

が成り立つ.

逆が成り立つための条件は次で与えられる.

命題 9.8. $\alpha, \beta \in I_2(D)$ とする.

$$\alpha \sim \beta \Longrightarrow \alpha \overset{+}{\sim} \beta$$

が成り立つための必要十分条件は右辺が -4 である Fermat-Pell の方程式

$$x^2 - Dy^2 = -4 \tag{9.1}$$

に解が存在することである.

証明. $\alpha \sim \beta$ なら $\alpha \overset{+}{\sim} \beta$ が成り立つことは, $\alpha = A\beta$ が $\det A = -1$ となる行列 A について成り立つときも, $\alpha = B\beta$ をみたす $B \in \mathrm{SL}_2(\mathbb{Z})$ をとることができるいうことと同値である. このとき $\alpha = AB^{-1}\alpha$ で $\det(AB^{-1}) = -1$ であるから, AB^{-1} は $\mathrm{Stab}(\alpha)$ の行列式 -1 の元になる. (7.4) から, これは (9.1) に解があることと同値である.

逆に, (9.1) に解があると, $\det C = -1$ となる $C \in \mathrm{Stab}(\alpha)$

が存在する. $\det B = -1$ をみたす B で $\alpha = B\beta$ がみたされ
ていたとするとき, $B\beta = \alpha = C\alpha$ より, $\alpha = (C^{-1}B)\beta$ で
$\det(C^{-1}B) = 1$. したがって $\alpha \overset{+}{\sim} \beta$ となる. $\qquad\square$

$I_2(D)$ の $\mathrm{SL}_2(\mathbb{Z})$ による正の同値類への分解を

$$I_2(D) = {H_1}^+ \sqcup {H_2}^+ \sqcup \ldots \sqcup H_{h^+}^+$$

とする. この正の同値類の個数を $h^+ = h^+(D)$ と書いて $I_2(D)$
の**狭義の類数**とよぶ. $h^+(D)$ も有限になることが次の命題から
わかる.

命題 9.9.

$$h^+(D) = \begin{cases} h(D) & \text{(9.1) が解をもつとき} \\ 2h(D) & \text{その他のとき} \end{cases}$$

証明. (9.1) が解をもつときは, 命題 9.8 より 2 つの無理数が同
値であることと, 正同値であることは同じであるから同値類の
個数は変わらない.

(9.1) が解をもたないとする.

$$J = \begin{bmatrix} 0 & 1 \\ 1 & 0 \end{bmatrix}$$

とおくと, $\mathrm{GL}_2(\mathbb{Z})$ は 2 つの交わりのない集合へ分解される[35].

$$\mathrm{GL}_2(\mathbb{Z}) = \mathrm{SL}_2(\mathbb{Z}) \sqcup \mathrm{SL}_2(\mathbb{Z})\,J.$$

35) $\mathrm{GL}_2(\mathbb{Z})$ の $\mathrm{SL}_2(\mathbb{Z})$ による右剰余類分解という.

ここで集合 $\mathrm{SL}_2(\mathbb{Z})\,J = \{AJ \mid A \in \mathrm{SL}_2(\mathbb{Z})\}$ は $\mathrm{GL}_2(\mathbb{Z})$ の部
分集合で行列式が -1 のもの全体に一致する (問 9.1 参照). 実
際, $B \in \mathrm{GL}_2(\mathbb{Z})$, $\det B = -1$ とすると, $BJ \in \mathrm{SL}_2(\mathbb{Z})$. この
両辺に右から $J^{-1} = J$ をかけると, $B \in \mathrm{SL}_2(\mathbb{Z})\,J$ となるので
この分解が成り立つ.

H を α を含む通常の同値類とする. すなわち

$$H = \mathrm{Orb}(\alpha) = \{C\alpha \mid C \in \mathrm{GL}_2(\mathbb{Z})\}.$$

このとき, 上の $\mathrm{GL}_2(\mathbb{Z})$ の分解から,

$$H = \{A\alpha \mid A \in \mathrm{SL}_2(\mathbb{Z})\} \cup \{B\alpha \mid B \in \mathrm{SL}_2(\mathbb{Z})\,J\}$$

がわかる．この分解は交わりをもたない．なぜなら，もし $A\alpha$ $(A \in \mathrm{SL}_2(\mathbb{Z}))$ が右辺の 2 つの集合の共通部分に入っているとすると，ある $B \in \mathrm{SL}_2(\mathbb{Z})\,J$ を使って $A\alpha = B\alpha$ と表せる．このとき $B^{-1}A\alpha = \alpha$ が成り立ち，$B^{-1}A \in \mathrm{Stab}(\alpha)$ は $\det(B^{-1}A) = -1$ をみたす．したがって，(7.4) から (9.1) に解が存在することになり仮定に反する．以上から，

$$H = \{A\alpha \mid A \in \mathrm{SL}_2(\mathbb{Z})\} \sqcup \{B\alpha \mid B \in \mathrm{SL}_2(\mathbb{Z})\,J\}.$$

右辺の 2 つの集合はそれぞれ α および $J\alpha$ の正の同値類になる．したがって，この場合は 1 つの同値類が 2 つの正の同値類に分かれることになる． $\square$

命題 9.8 と命題 7.12 をあわせると次の系がえられる．

系 9.10. p が法 4 で 1 に合同な素数とするとき，$h(p) = h^+(p)$ が成り立つ．

例 9.11. $R_2(13)$ は 1 つの元からなる．

$$R_2(13) = \left\{ \frac{3 + \sqrt{13}}{2} \right\}.$$

よって $h(13) = h^+(13) = 1$．これは系 9.10 の結果と合う．

また命題 7.13 から次の系がえられる．

系 9.12. 判別式 D が法 4 で 3 に合同な素因子をもつとき，$h^+(D) = 2h(D)$ が成り立つ．

この系が使える例をあげる．

例 9.13.
$$R_2(12) = \left\{ 1 + \sqrt{3},\, \frac{1 + \sqrt{3}}{2} \right\}.$$

$$1 + \sqrt{3} = \overline{[2, 1]}, \quad \frac{1 + \sqrt{3}}{2} = \overline{[1, 2]} = [1; \overline{2, 1}] = \begin{bmatrix} 1 & 1 \\ 1 & 0 \end{bmatrix}(1 + \sqrt{3}).$$

よって $R_2(12)$ の2つ元は同値で $h(12) = 1$ となる．系9.12より，$h^+(12) = 2$．これは $1 + \sqrt{3}$ の連分数の周期は2であることから，これらの2数が正同値にならないことに対応している．

例 9.14. 例6.17より

$$R_2(40) = \left\{\alpha_1 = [\overline{1, 2, 1}], \alpha_2 = [\overline{1, 1, 2}], \alpha_3 = [\overline{2, 1, 1}], \beta = [\overline{6}]\right\}.$$

$\alpha_1 \sim \alpha_2 \sim \alpha_3$ だから $h(40) = 2$．$R_2(40)$ の元の連分数展開の周期は奇数だから，$\alpha_1 \overset{+}{\sim} \alpha_2 \overset{+}{\sim} \alpha_3$．よって $h^+(40) = 2$．

問 9.2 次の D に対し，$h(D)$, $h^+(D)$ を求めよ．

(i) $D = 21$ (ii) $D = 65$

10 ▶ 与えられた循環節をもつ 2次無理数

この節からは連分数に関する様々なトピックを節ごとの読み切りの形で扱う．また，この節からは高校で学ぶ範囲を超える数学も断りなしに使う．わからないところは飛ばして読んでも差し支えない．

循環節の長さが短い簡約 2 次無理数

まず循環節の長さが 1 または 2 であるような簡約 2 次無理数をすべて求めてみよう．$\alpha > 1$ を簡約 2 次無理数とし，その連分数展開を

$$\alpha = \overline{[s,t]}, \quad (s,t \geq 1)$$

とする．特別な場合として $s = t$ の循環節の長さが 1 の場合も含まれる．

$$\alpha = [s,t,\alpha] = \begin{bmatrix} s & 1 \\ 1 & 0 \end{bmatrix} \begin{bmatrix} t & 1 \\ 1 & 0 \end{bmatrix} \alpha = \begin{bmatrix} st+1 & s \\ t & 1 \end{bmatrix} \alpha = \frac{(st+1)\alpha + s}{t\alpha + 1}$$

となるから，α は

$$t\alpha^2 - st\alpha - s = 0 \tag{10.1}$$

の解である[36]．したがって，$\alpha > 1$ を考慮すると，次の命題がえられる．

[36] ここでやったことは本質的に問 6.8 ですでにやっていることである．

命題 10.1. 自然数 s, t に対して

$$\frac{st + \sqrt{st(st+4)}}{2t} = \overline{[s,t]}$$

が成り立つ．特に，

$$\frac{s + \sqrt{s^2 + 4}}{2} = [\overline{s}]$$

となる.

例 10.2. s, t にいくつかの数を代入してみると,

$$\frac{1 + \sqrt{5}}{2} = [\overline{1}], \quad 1 + \sqrt{2} = [\overline{2}], \quad \frac{3 + \sqrt{13}}{2} = [\overline{3}].$$

また

$$\frac{1 + \sqrt{3}}{2} = [\overline{1, 2}], \quad 1 + \sqrt{3} = [\overline{2, 1}], \quad \frac{3 + \sqrt{21}}{6} = [\overline{1, 3}]$$

などなど.

問 10.1 s を正の整数とするとき, $[\overline{s}]$ はある 2 次体の単数であることを示せ.

問 10.2 2 次体 $\mathbb{Q}(\sqrt{st(st+4)})$ の基本単数を求めよ.

問 10.3 t を正の整数とするとき, $[t+1, \overline{1, t}]$ のみたす多項式を求めよ.

例 10.3. Fibonacci 数列 (F_n) は

$$F_0 = 0, \ F_1 = 1, \ F_2 = 1, F_{n+2} = F_{n+1} + F_n \ (n \geq 1)$$

で帰納的に定義される数列である. F_n たちを Fibonacci 数とよぶ. 一方, **黄金比**とよばれる数 $\varphi = (1 + \sqrt{5})/2$ の連分数展開は例 10.2 から $[\overline{1}]$ である. したがって φ の近似分数は

$$\begin{bmatrix} p_n & p_{n-1} \\ q_n & q_{n-1} \end{bmatrix} = \begin{bmatrix} 1 & 1 \\ 1 & 0 \end{bmatrix}^{n+1}$$

から求められる.

$$\begin{bmatrix} p_{n+1} & p_n \\ q_{n+1} & q_n \end{bmatrix} = \begin{bmatrix} 1 & 1 \\ 1 & 0 \end{bmatrix} \begin{bmatrix} p_n & p_{n-1} \\ q_n & q_{n-1} \end{bmatrix}$$

から漸化式を作ると,

$$p_{n+1} = p_n + p_{n-1}, \ q_n = p_{n-1}$$

であって，初項は $p_0 = 1, p_1 = 2, q_0 = 1, q_1 = 1$ である．したがって

$$F_{n+2} = p_n = q_{n+1}$$

がすべての $n \geq 0$ に対して成り立つ．以上から

$$\begin{bmatrix} 1 & 1 \\ 1 & 0 \end{bmatrix}^n = \begin{bmatrix} F_{n+1} & F_n \\ F_n & F_{n-1} \end{bmatrix}$$

がわかった．これから黄金比の近似分数が Fibonacci 数の比で表されることがわかる．また逆に数列 $\dfrac{F_{n+1}}{F_n}$ が $n \to \infty$ のとき，黄金比に近づくことも導かれる．

なお，ユークリッドの互除法を隣接する Fibonacci 数に対して行うと，Fibonacci 数のみたす漸化式から，商がずっと 1 なので，なかなか終わらない．

次に $\alpha = \overline{[s, t]}$ の近似分数の一般項を求めてみよう．

$$\begin{bmatrix} p_n & p_{n-1} \\ q_n & q_{n-1} \end{bmatrix} = \left\{ \begin{bmatrix} s & 1 \\ 1 & 0 \end{bmatrix} \begin{bmatrix} t & 1 \\ 1 & 0 \end{bmatrix} \right\}^{\lfloor \frac{n+1}{2} \rfloor} \begin{bmatrix} s & 1 \\ 1 & 0 \end{bmatrix}^{\delta}. \quad (10.2)$$

ここで δ は $n+1$ を 2 でわったあまりである．よって行列

$$C = \begin{bmatrix} s & 1 \\ 1 & 0 \end{bmatrix} \begin{bmatrix} t & 1 \\ 1 & 0 \end{bmatrix} = \begin{bmatrix} st+1 & s \\ t & 1 \end{bmatrix}$$

のべき乗がわかればよい．C を対角化するために，固有多項式を計算すると

$$\begin{vmatrix} x - (st+1) & -s \\ -t & x-1 \end{vmatrix} = x^2 - (2+st)x + 1.$$

α の共役 α' を β で表すと，(10.1) から $\alpha + \beta = s, \ \alpha\beta = -s/t$ となるから，

$$x^2 - (2+st)x + 1 = (x - 1 - t\alpha)(x - 1 - t\beta).$$

これから C の固有値は $1 + t\alpha$ と $1 + t\beta$ である．簡単な計算

によって，固有値 $1 + t\alpha = -\alpha/\beta$ に対応する固有ベクトルは $\begin{bmatrix} \alpha \\ 1 \end{bmatrix}$，もう1つの固有値 $1 + t\beta = -\beta/\alpha$ に対応する固有ベクトルは $\begin{bmatrix} \beta \\ 1 \end{bmatrix}$ であることがわかる．したがって

$$P = \begin{bmatrix} \alpha & \beta \\ 1 & 1 \end{bmatrix}$$

とおくと，

$$P^{-1}CP = \begin{bmatrix} -\dfrac{\alpha}{\beta} & 0 \\ 0 & -\dfrac{\beta}{\alpha} \end{bmatrix}$$

と対角化できる．逆行列を求めて計算すると，

$$C^k = P \begin{bmatrix} \left(-\dfrac{\alpha}{\beta}\right)^k & 0 \\ 0 & \left(-\dfrac{\beta}{\alpha}\right)^k \end{bmatrix} P^{-1}$$

$$= \left(-\frac{1}{\alpha\beta}\right)^k \begin{bmatrix} \dfrac{\alpha^{1+2k} - \beta^{1+2k}}{\alpha - \beta} & -\dfrac{\alpha\beta(\alpha^{2k} - \beta^{2k})}{\alpha - \beta} \\ \dfrac{\alpha^{2k} - \beta^{2k}}{\alpha - \beta} & -\dfrac{\alpha\beta(\alpha^{2k-1} - \beta^{2k-1})}{\alpha - \beta} \end{bmatrix}.$$

n が奇数のとき，$n = 2k - 1$ で，(10.2) から

$$\begin{bmatrix} p_n & p_{n-1} \\ q_n & q_{n-1} \end{bmatrix} = C^k$$

だから，C^k の $(1,1)$ 成分から p_n が，$(1,2)$ 成分から p_{n-1} が求まる．q_n についても同様である．まとめると，次の命題をえる．

命題 10.4. $\alpha = \overline{[s,t]}$ の近似分数は $\beta = \alpha'$ とするとき次の式で与えられる．

$$p_n = \left(-\frac{1}{\alpha\beta}\right)^{\left\lfloor \frac{n+1}{2} \right\rfloor} \left(\frac{\alpha^{n+2} - \beta^{n+2}}{\alpha - \beta}\right),$$

$$q_n = \left(-\frac{1}{\alpha\beta}\right)^{\left\lfloor \frac{n+1}{2} \right\rfloor} \left(\frac{\alpha^{n+1} - \beta^{n+1}}{\alpha - \beta}\right).$$

また $s = t$ ならば

$$p_n = \frac{\alpha^{n+2} - \beta^{n+2}}{\alpha - \beta},$$
$$q_n = \frac{\alpha^{n+1} - \beta^{n+1}}{\alpha - \beta}.$$

例 10.5. 命題 10.4 と例 10.3 を使って，Fibonacci 数列の一般項を求めてみよう．

$$\alpha = \frac{1 + \sqrt{5}}{2}, \quad \beta = \frac{1 - \sqrt{5}}{2}$$

である．また $s = t = 1$ だから，

$$F_n = p_{n-2} = \frac{1}{\sqrt{5}}\left(\left(\frac{1 + \sqrt{5}}{2}\right)^n - \left(\frac{1 - \sqrt{5}}{2}\right)^n\right).$$

これは **Vinet** の公式とよばれる式である．

$\sqrt{m}$ の連分数展開を与える回文数列

命題 8.15 により $\sqrt{m}$ の連分数展開は

$$\sqrt{m} = [a_0; \overline{a_1, \ldots, a_{t-1}, 2a_0}], \quad (a_1, \ldots, a_{t-1}) = (a_{t-1}, \ldots, a_1)$$

で与えられるのであった．ここでは前から読んでも，後ろから読んでも同じになる数列，**回文数列** $(a_1, \ldots, a_{t-1}) = (a_{t-1}, \ldots, a_1)$ を与えたとき，それを循環節に含むような $\sqrt{m}$ の連分数展開が存在するかどうかを考える．この節の内容は電気通信大学の学生であった M 君の卒業論文の内容に基づいている[37]．

[37] もちろん M 君のオリジナルの発見であることを主張するものではない．

命題 10.6. n を 2 以上の自然数とする．自然数の有限数列 $(a_1, \ldots, a_n)$ は回文数列であるとする．$i = 1, \ldots, n$ に対して，有限連分数を既約分数の形に書いて

$$\frac{p_i}{q_i} = [0; a_1, \ldots, a_i]$$

により p_i, q_i を定義する．

(i) $(a_1, \ldots, a_n)$ が $\sqrt{m}$ の循環節に

$$\sqrt{m} = [a_0; \overline{a_1, \ldots, a_n, 2a_0}]$$

をみたすように現れるような正整数 m と $a_0 \in \mathbb{Z}$ が存在するための必要十分条件は

$$(2, q_n) \mid p_{n-1} \tag{10.3}$$

が成立することである.

(ii) (10.3) がみたされるとき, a_0, m は

$$a_0 = -\frac{p_{n-1}}{2}((-1)^{n-1}q_{n-1} + \delta q_n) + \frac{q_n}{d}\ell,$$
$$m = a_0{}^2 + p_{n-1}((-1)^n p_{n-1} + \delta p_n) + \frac{2p_n}{d}\ell$$

で与えられる. ここで $d = (2, q_n)$ で, δ は $p_n q_n$ を 2 でわったあまりである. また ℓ は

$$\ell > \frac{d}{2}p_{n-1}\left((-1)^{n-1}\frac{p_n}{q_n} + \delta\right) \tag{10.4}$$

をみたす任意の整数である.

証明. まず p_n, q_n の定義から,

$$\begin{bmatrix} p_n & p_{n-1} \\ q_n & q_{n-1} \end{bmatrix} = \begin{bmatrix} 0 & 1 \\ 1 & 0 \end{bmatrix}\begin{bmatrix} a_1 & 1 \\ 1 & 0 \end{bmatrix} \cdots \begin{bmatrix} a_n & 1 \\ 1 & 0 \end{bmatrix}. \tag{10.5}$$

両辺の転置をとって, $(a_1, \ldots, a_n) = (a_n, \ldots, a_1)$ を使うと

$$\begin{bmatrix} p_n & q_n \\ p_{n-1} & q_{n-1} \end{bmatrix} = \begin{bmatrix} a_1 & 1 \\ 1 & 0 \end{bmatrix} \cdots \begin{bmatrix} a_n & 1 \\ 1 & 0 \end{bmatrix} J.$$

ここで

$$J = \begin{bmatrix} 0 & 1 \\ 1 & 0 \end{bmatrix}$$

である. 両辺, 左と右から J をかけて,

$$\begin{bmatrix} q_{n-1} & p_{n-1} \\ q_n & p_n \end{bmatrix} = \begin{bmatrix} 0 & 1 \\ 1 & 0 \end{bmatrix}\begin{bmatrix} a_1 & 1 \\ 1 & 0 \end{bmatrix} \cdots \begin{bmatrix} a_n & 1 \\ 1 & 0 \end{bmatrix} = \begin{bmatrix} p_n & p_{n-1} \\ q_n & q_{n-1} \end{bmatrix}.$$

以上から

$$p_n = q_{n-1} \tag{10.6}$$

が成立することがわかった.

さて $\sqrt{m} = [a_0; \overline{a_1, \ldots, a_n, 2a_0}]$ をみたす a_0, m が存在したとする. 命題 8.15 の証明から $\sqrt{m} + \lfloor \sqrt{m} \rfloor = \sqrt{m} + a_0$ は簡約 2 次無理数で

$$\sqrt{m} + a_0 = [\overline{2a_0, a_1, \ldots, a_n}] = [2a_0; a_1, \ldots, a_n, \sqrt{m} + a_0]$$

$$= \begin{bmatrix} 2a_0 & 1 \\ 1 & 0 \end{bmatrix} \begin{bmatrix} a_1 & 1 \\ 1 & 0 \end{bmatrix} \cdots \begin{bmatrix} a_n & 1 \\ 1 & 0 \end{bmatrix} (\sqrt{m} + a_0).$$

$\sqrt{m} + a_0$ は $T^2 - 2a_0 T + a_0^2 - m$ の根だから, 定理 7.4 により

$$\begin{bmatrix} 2a_0 & 1 \\ 1 & 0 \end{bmatrix} \begin{bmatrix} a_1 & 1 \\ 1 & 0 \end{bmatrix} \cdots \begin{bmatrix} a_n & 1 \\ 1 & 0 \end{bmatrix} = \begin{bmatrix} \frac{x+2a_0 y}{2} & -(a_0^2 - m)y \\ y & \frac{x-2a_0 y}{2} \end{bmatrix}$$

を成立させる整数 x, y が存在する. 左辺に左から

$$E = \begin{bmatrix} 2a_0 & 1 \\ 1 & 0 \end{bmatrix} J^2 \begin{bmatrix} 2a_0 & 1 \\ 1 & 0 \end{bmatrix}^{-1}$$

をかけると,

$$\begin{bmatrix} 2a_0 & 1 \\ 1 & 0 \end{bmatrix} \begin{bmatrix} 0 & 1 \\ 1 & 0 \end{bmatrix} \begin{bmatrix} p_n & p_{n-1} \\ q_n & q_{n-1} \end{bmatrix} = \begin{bmatrix} \frac{x+2a_0 y}{2} & -(a_0^2 - m)y \\ y & \frac{x-2a_0 y}{2} \end{bmatrix}.$$

これから

$$p_n + 2a_0 q_n = \frac{x + 2a_0 y}{2}, \quad p_{n-1} + 2a_0 q_{n-1} = -(a_0^2 - m)y,$$

$$q_n = y, \qquad\qquad q_{n-1} = \frac{x - 2a_0 y}{2}$$

がえられる. $(1,1)$ 成分, $(2,1)$ 成分に対応する式から,

$$(x, y) = (2(p_n + a_0 q_n), q_n)$$

がわかる. これを他の式に代入すると,

$$p_n = q_{n-1}, \quad 2a_0 q_{n-1} + q_n(a_0^2 - m) = -p_{n-1}.$$

前者はすでに成り立っている. よって $X = a_0, Y = a_0^2 - m$ とおくと,

$$2p_n X + q_n Y = -p_{n-1} \qquad (10.7)$$

が整数解をもつことになる．その条件は命題 2.10 より

$$(2p_n, q_n) = (2, q_n) \mid p_{n-1}.$$

よって命題の条件は必要である．逆にこの条件がみたされれば，
(10.7) は解をもち，$Y < a_0{}^2$ をみたす解をとれば，$a_0 = X$, $m = a_0^2 - Y$ とおくことで，$m > 0$ となり目的の連分数がえられる．

次に後半を証明する．(10.3) が成立することを仮定する．

$$X = -\frac{p_{n-1}}{2}((-1)^{n-1}q_{n-1}+\delta q_n), \quad Y = -p_{n-1}((-1)^n p_{n-1}-\delta p_n)$$

とおくと，δ の定義から $X, Y \in \mathbb{Z}$ となることが確かめられる
((10.5) に注意)．さらに

$$2p_n X + q_n Y = -2p_n \frac{p_{n-1}}{2}((-1)^{n-1}q_{n-1}+\delta q_n) - q_n p_{n-1}((-1)^n p_{n-1}-\delta p_n)$$
$$= (-1)^n p_{n-1}(p_n q_{n-1} - q_n p_{n-1}) = (-1)^{2n-1} p_{n-1} = -p_{n-1}$$

だから，この X, Y は (10.7) の 1 つの解である．よって (10.7)
の一般解は命題 2.10 から ℓ を整数として，

$$X = -\frac{p_{n-1}}{2}((-1)^{n-1}q_{n-1} + \delta q_n) + \ell \frac{q_n}{d},$$
$$Y = -p_{n-1}((-1)^n p_{n-1} - \delta p_n) - \ell \frac{2p_n}{d}$$

で与えられる．したがって，

$$a_0 = -\frac{p_{n-1}}{2}((-1)^{n-1}q_{n-1} + \delta q_n) + \ell \frac{q_n}{d},$$
$$m = a_0^2 + p_{n-1}((-1)^n p_{n-1} - \delta p_n) + \ell \frac{2p_n}{d}$$

とすると条件がみたされる．ここで $a_0 = \lfloor \sqrt{m} \rfloor > 0$, $m - a_0^2 > 0$
だから

$$\ell > \max\left(\frac{d}{2}p_{n-1}\left((-1)^{n-1}\frac{q_{n-1}}{q_n} + \delta\right), \frac{d}{2}p_{n-1}\left((-1)^{n-1}\frac{p_{n-1}}{p_n} + \delta\right)\right)$$

でなければならないが，

$$\left((-1)^{n-1} \frac{q_{n-1}}{q_n} + \delta \right) - \left((-1)^{n-1} \frac{p_{n-1}}{p_n} + \delta \right)$$

$$= (-1)^{n-1} \frac{1}{p_n q_n} (q_{n-1} p_n - p_{n-1} q_n) = \frac{1}{p_n q_n} > 0$$

より，上でえられた $p_n = q_{n-1}$ を使って，

$$\ell > \frac{d}{2} p_{n-1} \left((-1)^{n-1} \frac{q_{n-1}}{q_n} + \delta \right) = \frac{d}{2} p_{n-1} \left((-1)^{n-1} \frac{p_n}{q_n} + \delta \right)$$

であれば条件がみたされる. □

例 10.7. $a_1 = a_2$ として $\sqrt{m} = [a_0; \overline{a_1, a_1, 2a_0}]$ をみたす m を求める.

$$\frac{p_2}{q_2} = [0; a_1, a_1] = \begin{bmatrix} 0 & 1 \\ 1 & 0 \end{bmatrix} \begin{bmatrix} a_1 & 1 \\ 1 & 0 \end{bmatrix} a_1 = \begin{bmatrix} 1 & 0 \\ a_1 & 1 \end{bmatrix} a_1 = \frac{a_1}{a_1^2 + 1}.$$

$p_1 = 1, q_1 = a_1$ なので, 条件は $(2, a_1{}^2 + 1) \mid 1$, すなわち $2 \mid a_1$ である. これがみたされるとき,

$$a_0 = \frac{a_1}{2} + (a_1{}^2 + 1)\ell,$$

$$m = a_0{}^2 + 1 + 2a_1\ell = \left(\frac{a_1}{2} + (a_1{}^2 + 1)\ell \right)^2 + 1 + 2a_1\ell,$$

$$\ell > -\frac{a_1}{2(a_1{}^2 + 1)}.$$

ここで

$$0 > -\frac{a_1}{2(a_1{}^2 + 1)} > -1$$

より, $\ell \geq 0$ となる. $\ell = 0$ のとき, $a_1 = 2a_0$ となるので, $\sqrt{m} = [a_0; \overline{2a_0}]$ となって周期は 1. したがって $\ell \geq 1$ である. よって

$$\sqrt{\left(\frac{a_1}{2} + (a_1{}^2 + 1)\ell \right)^2 + 1 + 2a_1\ell} = \left[\frac{a_1}{2} + (a_1{}^2 + 1)\ell, \overline{a_1, a_1, a_1 + 2(a_1{}^2 + 1)\ell} \right].$$

m は a_1, ℓ に関して単調増加だから, $\ell = 1, a_1 = 2$ のときが最小で,

$$\sqrt{41} = [6; \overline{2, 2, 12}]$$

がえられる.

補注 10.8. 命題 10.6 では $n \geq 2$ を仮定したが，$n = 1$ のときも，任意の正の偶数 b に対して，

$$\sqrt{m} = [b/2; \overline{b}]$$

をみたす m が存在することがわかる．実際，$b = 2a_0$ とし，$\alpha = [\overline{2a_0}]$ とおくと，本節前半から，$\alpha = a_0 + \sqrt{a_0^2 + 1}$. よって

$$\sqrt{a_0^2 + 1} = \alpha - a_0 = [a_0; \overline{2a_0}].$$

問 10.4 $\sqrt{m} = [a_0; \overline{a_1, a_2, a_1, 2a_0}]$ をみたす m をいくつか求めよ.

$(1 + \sqrt{m})/2$ に対しても命題 10.6 と同様の命題を証明することができる．これは読者の研究課題として残しておこう．

11　連分数を使った素因数分解

　有理整数環 $\mathbb{Z}$ で素因数分解ができることは基本的であり，初等整数論において本質的で重要な役割をはたす．本節では連分数を使った素因数分解法を解説するが，その前に素因数分解の研究が盛んになった背景について説明しておこう．

RSA 暗号

　RSA 暗号は 1970 年代に当時マサチューセッツ工科大学の大学院生だった Rivest, Shamir, Adleman の 3 人によって発明された公開鍵暗号である．その安全性は素因数分解の困難性に基づいている．

　アリスからボブへメッセージ x をおくるという状況を考えよう．x は適当な方法により，数字の列に変換しておく．このメッセージを第三者に内容を知られることなく，安全にネットワークを通じて送ることが暗号システムの目的である．

鍵 ボブは次のような**公開鍵**と**秘密鍵**を用意する．p, q を相異なる大きな素数とし，$n = pq$ とおく．$e \in \mathbb{Z}$ を $(e, (p-1)(q-1)) = 1$ をみたすようにとる（e はランダムに選んで Euclid の互除法で最大公約数が 1 であることをチェックすればよい）.

$$公開鍵\ (n, e) \qquad 秘密鍵\ (p, q)$$

　　公開鍵は誰にでもアクセスできるように公開する．誰でもボブに暗号メッセージを送りたいときはこの鍵を使えばよい．秘密鍵はボブ本人以外の誰にも知られないように秘密にしておく．

暗号化 平文[38] x は適当に分割することによって，$x < n$ をみたすようにしておく．アリスはボブの公開鍵 (n, e) を使って，x を次のように暗号化する．

$$c \equiv x^e \pmod{n}.$$

暗号文 c をネットワークを通じてボブに送る．

復号 暗号文 c をうけとったボブは秘密鍵を使って c から x を復元する．$(e, (p-1)(q-1)) = 1$ であるから，定理 2.7 により

$$ed - (p-1)(q-1)f = 1$$

をみたす整数 d, f が存在する（あとのために f の符号を変えておいた）．したがって

$$ed \equiv 1 \pmod{(p-1)(q-1)}.$$

ボブは p, q を知っているので，$(p-1)(q-1)$ と e から拡張 Euclid の互除法により d を計算できるのである．このとき，法 $n = pq$ で

$$
\begin{aligned}
c^d &\equiv x^{de} \\
&\equiv x^{1+(p-1)(q-1)f} \equiv x \cdot (x^f)^{(p-1)(q-1)} \pmod{pq}.
\end{aligned}
$$

ここで Fermat の小定理（命題 7.14）により，

$$(x^f)^{(p-1)(q-1)} = (x^{f(p-1)})^{q-1} \equiv 1 \pmod{q}.$$

また

$$(x^f)^{(p-1)(q-1)} = (x^{f(q-1)})^{p-1} \equiv 1 \pmod{p}.$$

p と q は互いに素だから，上の 2 式をあわせると，

$$(x^f)^{(p-1)(q-1)} \equiv 1 \pmod{pq}.$$

したがって

$$c^d \equiv x(x^f)^{(p-1)(q-1)} \equiv x \pmod{n}$$

38) 暗号化されていないもとのメッセージを平文という．

となり，元の文 x が復元できる．

　RSA 暗号のように暗号化する鍵を公開する暗号システム
を**公開鍵暗号**とよぶ．公開鍵暗号のよくできた点は，暗号
化する鍵（公開鍵）とそれを開ける鍵（秘密鍵）が別々に
あることである．鍵をかけるのは誰でもできるが，開ける
ことができるのはボブだけである．

安全性 第三者が何らかの方法で，暗号文 c を入手したとき，公
開されている公開鍵 (n, e) から x を計算できるか？これが
可能であればこの暗号システムは安全とはいえない．これ
が可能であるためには (n, e) から $(p-1)(q-1)$ が計算で
きればよい．（そうすれば d が計算できる）．

　しかし n から $(p-1)(q-1)$ を知ることは n の因数分解を
することと同値である．実際，n の因数分解 pq が求まれば，
$(p-1)(q-1)$ が求められるのは自明．逆に $m = (p-1)(q-1)$ がわかれば，$m = n - (p+q) + 1$ だから，2 次方程式
$X^2 - (m-n-1)X + n$ の 2 つの根として p, q が求まる．

　大きい数の因数分解を高速に行うアルゴリズムは見つかっ
ておらず，因数分解は本質的に計算が難しいと信じられて
いるので，今のところ RSA 暗号は安全であると考えられ
る[39]．

　この素因数分解の困難性に基づいた暗号の発明を契機として，
素数判定，素因数分解の研究が理学の分野だけでなく工学の分
野でも飛躍的に進んだのである．

連分数法

　まず因数分解に関する Fermat のアイディアを紹介する．

命題 11.1. 奇数 n を因数分解することは，$n = a^2 - b^2$ かつ $a - b > 1$ をみたす $a, b \in \mathbb{N}$ を見つけることと同値である．

証明. このような a, b が見つかれば，$a - b > 1$ だから，$n = (a+b)(a-b)$ は非自明な分解になる．逆に奇数 n が $n = uv$ と分解されたとすると，$a = (u+v)/2, b = |u-v|/2$ とおく
と，どちらも正の整数で，$n = a^2 - b^2$ が成り立つから，任意
の奇数の因数分解はこの形でえられる． $\square$

[39] 量子コンピュータで
は因数分解を高速に行う
アルゴリズムが存在する
ことが知られている．

実はあらゆる現代的な因数分解法も, $n = a^2 - b^2$ をみたす a, b をいかに効率よく求めるかということがアルゴリズムの中心になっている.

記号を 1 つ用意する.

定義 11.2. 実数 x に対して, x 以上の最小の整数を $\lceil x \rceil$ で表す. 関数 $x \mapsto \lceil x \rceil$ を**天井関数**とよぶ. 例えば $\lceil 2.1 \rceil = 3$, $\lceil -1.5 \rceil = -1$ である.

命題 11.1 を原始的な形で活用するには次のようにする. a を $\lceil \sqrt{n} \rceil$ から始めて, $\lceil \sqrt{n} \rceil + 1, \lceil \sqrt{n} \rceil + 2, \ldots$ と増やしていって $a^2 - n$ が平方数になるか調べてみる.

例 11.3. $n = 597953$ を因数分解する.

$$a = \lceil \sqrt{n} \rceil = 774 \Longrightarrow a^2 - n = 1123 \times$$
$$a = \lceil \sqrt{n} \rceil + 1 = 775 \Longrightarrow a^2 - n = 2672 \times$$
$$a = \lceil \sqrt{n} \rceil + 2 = 776 \Longrightarrow a^2 - n = 4223 \times$$
$$a = \lceil \sqrt{n} \rceil + 3 = 777 \Longrightarrow a^2 - n = 5776 = 76^2 \text{ 成功}$$

$b = 76$ とすると, $a - b = 701 \mid n$ となって n の因数が見つかった.

n が同じような大きさの 2 つの数の積なら, この方法は成功する可能性がある. しかしながら, n の因子の大きさに偏りがあると, いつまでも平方数が見つからないということになってしまう.

命題 11.1 の条件 $n = a^2 - b^2$ は実際はもう少し弱めることができる.

命題 11.4. 自然数 n を合成数とする. $a^2 \equiv b^2 \pmod{n}$ かつ $a \not\equiv \pm b \pmod{n}$ をみたす整数 a, b が存在すれば $\gcd(a - b, n)$ と $\gcd(a + b, n)$ は n の非自明な因数である.

証明. $a^2 \equiv b^2 \pmod{n}$ から $n \mid (a - b)(a + b)$. また条件 $a \not\equiv \pm b \pmod{n}$ から $n \nmid (a \pm b)$ がわかる. $n \nmid (a + b)$ により, n の素因数 p で $p \nmid (a + b)$ であるものが存在する. この p

は $a - b$ をわらなくてはならない. 同様にまた $n \nmid (a - b)$ から, n の素因数 q で $q \nmid (a - b)$ をみたすものが存在し, $q \mid (a + b)$ をみたさなくてはならない. したがって $\gcd(a - b, n) > 1$ かつ $\gcd(a + b, n) > 1$ が成り立つ. $\qquad\qquad\square$

一般には, 条件 $a \not\equiv \pm b \pmod{n}$ をコントロールすることが難しいので, この条件を無視して, $a^2 \equiv b^2 \pmod{n}$ だけを考察し, あとで最大公約数を計算することにより非自明な因子かどうかを確かめる.

次に説明する**連分数法**はこの $a^2 \equiv b^2 \pmod{n}$ をみたす a, b を見つける方法を与える.

n を因数分解するために $\sqrt{n}$ の近似分数 p_i / q_i を計算する. このとき

$$t_i = {p_i}^2 - {q_i}^2 n$$

が平方数であれば, $t_i = u^2$ とおいて,

$$u^2 \equiv {p_i}^2 \pmod{n}.$$

これから $\gcd(u \pm p_i, n)$ を計算して n あるいは 1 でなければ n の約数が求まることになる.

例 11.5. $n = 474457$ を因数分解する.

$$\sqrt{n} = [688, 1, 4, 4, 1, 1, 3, 4, 7, 2, 6, 5, 2, 1, 196, 8, \ldots].$$

連分数展開を計算しながら, p_i, q_i を計算していくと,

$$\sqrt{n} \doteq [688, 1, 4, 4, 1, 1, 3, 4, 7, 2, 6, 5, 2, 1, 196, 8, 1, 1, 1, 14, 6, 3, 1, 1, 3, 6, 1, 8, 1, 1, 27, 1]$$
$$= \frac{37537802780200174933}{54496726885686097}$$

まで計算したときに

$$t_i = 37537802780200174933^2 - 54496726885686097^2 \, n = 576 = 24^2$$

と平方数になるものが見つかる.

$$\gcd(37537802780200174933 + 24, n) = 877.$$

したがって

$$n = 877 \cdot 541.$$

　一般には，このように t_i が平方数になるものがすぐに見つかるとは限らない．そのため，連分数法の考案者 Morrison と Brillhart は次のような工夫をした．

　集合 $\mathbb{F}_2 = \{\bar{0}, \bar{1}\}$ に和と積を

+	$\bar{0}$	$\bar{1}$
$\bar{0}$	$\bar{0}$	$\bar{1}$
$\bar{1}$	$\bar{1}$	$\bar{0}$

×	$\bar{0}$	$\bar{1}$
$\bar{0}$	$\bar{0}$	$\bar{0}$
$\bar{1}$	$\bar{0}$	$\bar{1}$

によって定義すると，2 個の元からなる体 $\mathbb{F}_2$ ができる．これを **2 元体**とよぶ．整数の全体を奇数と偶数にわけ，奇数を $\bar{1}$, 偶数を $\bar{0}$ として計算するのと同じである．

　さて，$\sqrt{n}$ の適当な近似分数 p_i/q_i を計算する．このとき，

$$t_i = {p_i}^2 - {q_i}^2 n$$

の値は近似分数の性質から n に比較すると小さくなるので，因数分解しても小さな素数の積になることが期待できる．$B = \{\ell_1, \ell_2, \cdots, \ell_m\}$ を小さな素数の m 元集合とする．t_i が B の元だけで因数分解できるような i を $m + 2$ 個以上集める．

$$t_i = (-1)^e \ell_1^{e_1} \ell_2^{e_2} \cdots \ell_m^{e_m}$$

に対して指数ベクトルとよばれる $m + 1$ 次元ベクトル

$$\mathbf{x}_i = (\bar{e}, \bar{e}_1, \bar{e}_2, \ldots, \bar{e}_m) \in \mathbb{F}_2^{m+1}$$

を対応させる．ここで $\bar{e}_j$ は e_j が奇数のとき $\bar{1}$, 偶数のとき $\bar{0}$ である．今このようなベクトルが $m + 2$ 個以上できるから，1 次従属になり，次のような形の非自明な一次関係式がえられる．

$$\sum_i c_i \mathbf{x}_i = \mathbf{0} \quad (c_i \in \mathbb{F}_2).$$

これは $\mathbb{F}_2$ で考える前のベクトル $(e, e_1, \ldots e_m)$ の成分を c_i 倍してたすと，偶数になるということだから，

$$\prod_i t_i{}^{c_i} = (-1)^{\text{偶数}} \ell_1^{\text{偶数}} \ell_2^{\text{偶数}} \cdots \ell_m^{\text{偶数}}$$

となりこの積は平方数になる．それを a^2 とおくと

$$\prod_i t_i{}^{c_i} = a^2 = \prod_i{}' (p_i{}^2 - q_i{}^2 n) \equiv \left(\prod_i{}' p_i\right)^2 \pmod{n}.$$

ここで $\prod'$ は $c_i \neq 0$ のところだけを渡るものとする．上式の右辺を b^2 とおくと，$a^2 \equiv b^2 \pmod{n}$ の形の式がえられたことになる．

例 11.6. $n = 512893$ とする．$\sqrt{n}$ の連分数展開は

$$\sqrt{n} = [716; \overline{6, 23, 3, 5, 2, 7, 1, 11, 2, 1, 3, 2, 3, 1, 2, 11, 1, 7, 2, 5, 3, 23, 6, 1432}].$$

$B = \{3, 13, 19\}$ ととって B の元だけで因数分解できるいくつかの t_i を計算すると，

i	p_i	q_i	t_i	t_i の因数分解
4	302938	423	247	$13 \cdot 19$
6	3531412	4931	171	$3^2 19$
8	29865533	41702	117	$3^2 13$
20	23437222582718	32725987383	247	$13 \cdot 19$

議論を簡単にするため，i が偶数になるところだけを選び，$t_i > 0$ となるようにした．指数ベクトルは

$$\mathbf{x}_4 = (\bar{0}, \bar{1}, \bar{1})$$
$$\mathbf{x}_6 = (\bar{0}, \bar{0}, \bar{1})$$
$$\mathbf{x}_8 = (\bar{0}, \bar{1}, \bar{0})$$
$$\mathbf{x}_{20} = (\bar{0}, \bar{1}, \bar{1}).$$

簡約化をして，一次関係式を求めると，

$$\mathbf{x}_4 + \mathbf{x}_6 + \mathbf{x}_8 = \mathbf{0}, \quad \mathbf{x}_4 + \mathbf{x}_{20} = \mathbf{0}.$$

1 番目の関係式から

$$3^4 13^2 19^2 \equiv (302938 \cdot 3531412 \cdot 29865533)^2 \pmod{n}.$$

これから，最大公約数を計算すると

$$\gcd(302938 \cdot 3531412 \cdot 29865533 - 3^2 \cdot 13 \cdot 19, n) = 911,$$

$$\gcd(302938 \cdot 3531412 \cdot 29865533 + 3^2 \cdot 13 \cdot 19, n) = 563$$

となり n の因数が求まった．2番目の関係式からも

$$13^2 \cdot 19^2 \equiv (302938 \cdot 23437222582718)^2 \pmod{n}$$

がえられ，

$$\gcd(302938 \cdot 23437222582718 - 13 \cdot 19, n) = 911$$

$$\gcd(302938 \cdot 23437222582718 + 13 \cdot 19, n) = 563$$

と n の因数が求まる．

　連分数法自体はそれより優れた素因数分解法の登場によって現在では使われなくなったが，2元体 $\mathbb{F}_2$ 上の線形代数を使って，$a^2 \equiv b^2 \pmod{n}$ の形の合同式をえる方法は，現在主流となっている因数分解法でも使われている．より高度な因数分解法については [7] および [19] が詳しい．

12 ▶ Stern-Brocot の木

正の有理数を既約分数としてすべて構成する方法として，Stern-Brocot の木がある．その構成は連分数と密接な関係がある．

まず Stern-Brocot の木について解説する[40]．$\dfrac{0}{1}$ と $\dfrac{1}{0}$ から出発して，$\dfrac{m}{n}$ と $\dfrac{m'}{n'}$ の間に $\dfrac{m+m'}{n+n'}$ を挿入していく．この $\dfrac{m+m'}{n+n'}$ を $\dfrac{m}{n}$ と $\dfrac{m'}{n'}$ の**中間数**とよぶ．

[40] この節は [20] を参考にした．

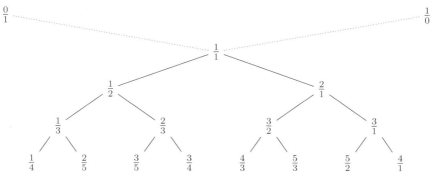

こうしてできるグラフ[41] を **Stern-Brocot の木**とよぶ．基本的な性質は次の命題で与えられる．

[41] いくつかの頂点とそれらを結ぶ辺からなる図形を**グラフ**という．グラフの中で閉路がないという特別な性質をもつものが**木**である．

命題 12.1. (i) ある段階で $\dfrac{m}{n}$ と $\dfrac{m'}{n'}$ $\left(\dfrac{m}{n} < \dfrac{m'}{n'}\right)$ が隣り合った分数ならば $m'n - mn' = 1$.

(ii) (i) の状況で，$\dfrac{m}{n}$ と $\dfrac{m'}{n'}$ の間の区間にある一番分母の小さい有理数は $\dfrac{m+m'}{n+n'}$ である．

(iii) Stern-Brocot の木に出てくる分数はすべて既約分数である.

(iv) Stern-Brocot の木には左から右に大きくなる順番に有理数が現れ，同じ有理数が 2 箇所に現れることはない.

(v) すべての既約分数はいつかは Stern-Brocot の木に現れる.

証明. (i) $m'n - mn'$ は隣り合った分数を大きい順に並べた行列

$$\begin{bmatrix} m' & m \\ n' & n \end{bmatrix}$$

の行列式であることに注意する．0 段目について $1 \cdot 1 - 0 \cdot 0 = 1$ で正しい．k 段目までは $m'n - mn' = 1$ が成り立っているとする．次に $\frac{m}{n}$ と $\frac{m'}{n'}$ の間に $\frac{m+m'}{n+n'}$ が入るから，

$$\begin{bmatrix} m' & m + m' \\ n' & n + n' \end{bmatrix} = \begin{bmatrix} m' & m \\ n' & n \end{bmatrix} \begin{bmatrix} 1 & 1 \\ 0 & 1 \end{bmatrix},$$

$$\begin{bmatrix} m + m' & m \\ n + n' & n \end{bmatrix} = \begin{bmatrix} m' & m \\ n' & n \end{bmatrix} \begin{bmatrix} 1 & 0 \\ 1 & 1 \end{bmatrix}.$$

この両辺の行列式をとれば，次の段でも成立することがわかる.

(ii) $\frac{m}{n} < \frac{a}{b} < \frac{m'}{n'}$ とする．$u = an - bm, v = m'b - an'$ とおく．行列で書くと，

$$\begin{bmatrix} u \\ v \end{bmatrix} = \begin{bmatrix} n & -m \\ -n' & m' \end{bmatrix} \begin{bmatrix} a \\ b \end{bmatrix}.$$

$m'n - mn' = 1$ を使うと，逆行列を両辺にかけて，

$$\begin{bmatrix} a \\ b \end{bmatrix} = \begin{bmatrix} m' & m \\ n' & n \end{bmatrix} \begin{bmatrix} u \\ v \end{bmatrix} \tag{12.1}$$

をえる．すなわち $a = m'u + mv, b = n'u + nv$．ここで u, v の定義から $u, v > 0$ で，しかも整数だから $u, v \geq 1$．よって $b \geq n + n'$ となる．b が最小の $n + n'$ に等しいとき，$u = v = 1$ だから $a = m + m'$ でなくてはならない.

(iii) もし $\frac{m+m'}{n+n'}$ が可約ならば，$\frac{m}{n}$ と $\frac{m'}{n'}$ の間に分母が $n + n'$ より小さい有理数があることになり (ii) に矛盾する.

(iv) (ii) により，新しく出てくる有理数は必ず上の段の有理数の中間に入るので，順序は保存され，さらに同じものが出てくることはない．

(v) 既約分数 $\frac{a}{b}$ がある時点まで出てこないで，その時点までに登場した 2 つの分数 $\frac{m}{n}$ と $\frac{m'}{n'}$ に間にあるとする．すなわち $\frac{m}{n} < \frac{a}{b} < \frac{m'}{n'}$．このとき (12.1) で $u, v \geq 1$ であることを使うと，

$$a + b = mu + m'v + nu + n'v \geq m + m' + n + n'.$$

次の段階で $\frac{m+m'}{n+n'}$ が出てきたとき，それが $\frac{a}{b}$ に一致しなくても，m, n, m', n' のいずれかが増えた形で同じ不等式が成り立つ．したがって，有限回のあとには $\frac{a}{b}$ が現れる． $\square$

問 12.1 $\dfrac{13}{17} = 0.7647\ldots$ を Stern-Brocot の木で隣り合う有理数の中間数 $\dfrac{m+m'}{n+n'}$ として表せ．

Stern-Brocot の木で $\frac{1}{1}$ から正の有理数 m/n への道が一意的に決まる．その道を木を右にたどるか，左にたどるかにしたがって，文字 L と R の列（L と R の**語**という）を対応させる．例えば p.121 の図をみると，3/5 に対応する語は LRL である．逆に L と R の語 S が与えられれば，Stern-Brocot の木の中の有理数が決まる．この有理数を $f(S)$ と書く．先の例を使うと $3/5 = f(LRL)$ である．ただし $\frac{1}{1}$ に対応する特別な語を E と書く．この L と R の語は有理数の別の表現とも考えられる．以下ではこの対応を具体的に書くことを目標にする．

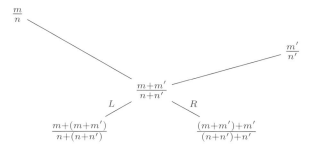

語 S に対して，$f(S)$ は 2 つの有理数 $\dfrac{m}{n} \ < \ \dfrac{m'}{n'}$ を使って

$f(S) = \dfrac{m + m'}{n + n'}$ と与えられているとする. 行列 S を

$$S = \begin{bmatrix} m' & m \\ n' & n \end{bmatrix}$$

と定義すると[42], $f(S)$ は行列 S を $1 \in \mathbb{R}$ に作用させたものに
等しい.

$$\begin{bmatrix} m' & m \\ n' & n \end{bmatrix} 1 = \frac{m + m'}{n + n'}.$$

ただし $S = E$ のときは対応する行列を単位行列 $E = \begin{bmatrix} 1 & 0 \\ 0 & 1 \end{bmatrix}$
であるとする. また行列 L, R を

$$L = \begin{bmatrix} 1 & 0 \\ 1 & 1 \end{bmatrix}, \quad R = \begin{bmatrix} 1 & 1 \\ 0 & 1 \end{bmatrix}$$

と定義すると[43],

$$\begin{bmatrix} m + m' & m \\ n + n' & n \end{bmatrix} = \begin{bmatrix} m' & m \\ n' & n \end{bmatrix} \begin{bmatrix} 1 & 0 \\ 1 & 1 \end{bmatrix} = SL,$$

$$\begin{bmatrix} m' & m + m' \\ n' & n + n' \end{bmatrix} = \begin{bmatrix} m' & m \\ n' & n \end{bmatrix} \begin{bmatrix} 1 & 1 \\ 0 & 1 \end{bmatrix} = SR$$

だから, 新しく現れる分数は, 行列 SL または SR を 1 に作用
させたものに等しい. よって $f(S)$ は L と R の語 S を, 行列 L
と R の積とみて, 1 へ作用させたものに等しい.

例 12.2. 語 $S = LR^2L^3$ に対応する有理数を求める. それは
行列

$$LR^2L^3 = \begin{bmatrix} 1 & 0 \\ 1 & 1 \end{bmatrix} \begin{bmatrix} 1 & 1 \\ 0 & 1 \end{bmatrix}^2 \begin{bmatrix} 1 & 0 \\ 1 & 1 \end{bmatrix}^3$$

$$= \begin{bmatrix} 1 & 0 \\ 1 & 1 \end{bmatrix} \begin{bmatrix} 1 & 2 \\ 0 & 1 \end{bmatrix} \begin{bmatrix} 1 & 0 \\ 3 & 1 \end{bmatrix} = \begin{bmatrix} 7 & 2 \\ 10 & 3 \end{bmatrix}$$

を 1 に作用させたもの

$$\begin{bmatrix} 7 & 2 \\ 10 & 3 \end{bmatrix} 1 = \frac{7 + 2}{10 + 3}$$

42) 語と行列に同じ記号
を使うのはいわゆる記号
の濫用である. しかしこ
のあとでこの2つは同一
視されるので混乱は起き
ないであろう.

43) これまた記号の濫用
である. [20] と記号が逆
なので注意.

に等しいから，$f(LR^2L^3) = \dfrac{9}{13}$ がわかる.

逆に正の $\dfrac{m}{n} \in \mathbb{Q}$ が与えられたとき，$f(S) = \dfrac{m}{n}$ をみたす語 S は次のようにして求められる[44].

44) これを有理数の LR
表現とよぶことにする.

初期化 $S := E$.

ループ $f(S) = \dfrac{m}{n}$ になるまで以下を繰り返す.

$\dfrac{m}{n} < f(S)$ なら $S := SL$. そうでないなら $S := SR$[45].

45) ここの := は定義で
はなく代入を表す. 例え
ば，$S := SR$ なら，元
の S の右側に R をかけ
たものを新しい S とする
という意味である.

例 12.3. $\alpha = 13/17 = 0.7647\ldots$ の LR 表現を求めてみよう. 初期値は $S = E$ で $f(E) = 1$ である.

$$\alpha < f(S) \Longrightarrow S = L = \begin{bmatrix} 1 & 0 \\ 1 & 1 \end{bmatrix}, \ f(S) = \frac{1}{2}$$

$$\alpha > f(S) \Longrightarrow S = LR = \begin{bmatrix} 1 & 1 \\ 1 & 2 \end{bmatrix}, \ f(S) = \frac{2}{3}$$

$$\alpha > f(S) \Longrightarrow S = LR^2 = \begin{bmatrix} 1 & 2 \\ 1 & 3 \end{bmatrix}, \ f(S) = \frac{3}{4}$$

$$\alpha > f(S) \Longrightarrow S = LR^3 = \begin{bmatrix} 1 & 3 \\ 1 & 4 \end{bmatrix}, \ f(S) = \frac{4}{5}$$

$$\alpha < f(S) \Longrightarrow S = LR^3L = \begin{bmatrix} 4 & 3 \\ 5 & 4 \end{bmatrix}, \ f(S) = \frac{7}{9}$$

$$\alpha < f(S) \Longrightarrow S = LR^3L^2 = \begin{bmatrix} 7 & 3 \\ 9 & 4 \end{bmatrix}, \ f(S) = \frac{10}{13}$$

$$\alpha < f(S) \Longrightarrow S = LR^3L^3 = \begin{bmatrix} 10 & 3 \\ 13 & 4 \end{bmatrix}, \ f(S) = \frac{13}{17}.$$

よって

$$\frac{13}{17} = f(LR^3L^3)$$

がえられる.

問 12.2 $\dfrac{9}{7} = 1.28571\ldots$ に対応する LR 表現を求めよ. またその行列を R と L の積に書け.

一般の L と R の語 S は $a_0, a_n \geq 0$, $a_1, \ldots, a_{n-1} \geq 1$ をみたす自然数 $a_0, a_1, \ldots, a_n$ を使って

$$S = R^{a_0} L^{a_1} R^{a_2} \cdots R^{a_{n-1}} L^{a_n} \tag{12.2}$$

の形に書ける. $a_0 = 0$ は L で始まる場合, $a_n = 0$ は R で終わる場合に対応する. このとき語 S と有理数 $f(S)$ の連分数展開の間に次の関係が成り立つ.

命題 12.4. 語 S が (12.2) で与えられているとき

$$f(S) = [a_0; a_1, a_2, \ldots, a_{n-1}, a_n + 1].$$

証明.

$$J = \begin{bmatrix} 0 & 1 \\ 1 & 0 \end{bmatrix}$$

とすると, 非負整数 a に対して,

$$L^a = \begin{bmatrix} 1 & 0 \\ a & 1 \end{bmatrix} = \begin{bmatrix} 0 & 1 \\ 1 & 0 \end{bmatrix} \begin{bmatrix} a & 1 \\ 1 & 0 \end{bmatrix} = J \begin{bmatrix} a & 1 \\ 1 & 0 \end{bmatrix},$$

$$R^a = \begin{bmatrix} 1 & a \\ 0 & 1 \end{bmatrix} = \begin{bmatrix} a & 1 \\ 1 & 0 \end{bmatrix} \begin{bmatrix} 0 & 1 \\ 1 & 0 \end{bmatrix} = \begin{bmatrix} a & 1 \\ 1 & 0 \end{bmatrix} J$$

である. $J^2 = E$ に注意すると,

$$S = R^{a_0} L^{a_1} R^{a_2} \cdots R^{a_{n-1}} L^{a_n}$$

$$= \begin{bmatrix} a_0 & 1 \\ 1 & 0 \end{bmatrix} JJ \begin{bmatrix} a_1 & 1 \\ 1 & 0 \end{bmatrix} \cdots \begin{bmatrix} a_{n-1} & 1 \\ 1 & 0 \end{bmatrix} JJ \begin{bmatrix} a_n & 1 \\ 1 & 0 \end{bmatrix} \begin{bmatrix} a_{n-1} & 1 \\ 1 & 0 \end{bmatrix} JJ \begin{bmatrix} a_n & 1 \\ 1 & 0 \end{bmatrix}$$

$$= \begin{bmatrix} a_0 & 1 \\ 1 & 0 \end{bmatrix} \begin{bmatrix} a_1 & 1 \\ 1 & 0 \end{bmatrix} \cdots \begin{bmatrix} a_n & 1 \\ 1 & 0 \end{bmatrix}.$$

一方, (5.2) 式より,

$$\begin{bmatrix} a & b \\ c & d \end{bmatrix} \infty = \frac{a}{c}$$

と定義されていたので,

$$[a_0; a_1, \ldots, a_n + 1] = \begin{bmatrix} a_0 & 1 \\ 1 & 0 \end{bmatrix} \cdots \begin{bmatrix} a_{n-1} & 1 \\ 1 & 0 \end{bmatrix} \begin{bmatrix} a_n + 1 & 1 \\ 1 & 0 \end{bmatrix} \infty$$

$$= \begin{bmatrix} a_0 & 1 \\ 1 & 0 \end{bmatrix} \cdots \begin{bmatrix} a_{n-1} & 1 \\ 1 & 0 \end{bmatrix} \begin{bmatrix} a_n & 1 \\ 1 & 0 \end{bmatrix} \begin{bmatrix} 1 & 0 \\ 1 & 1 \end{bmatrix} \infty$$

$$= S \begin{bmatrix} 1 & 0 \\ 1 & 1 \end{bmatrix} \infty = S1 = f(S).$$

$\square$

この命題から,有限連分数は有限の L と R の語に対応することがわかるので,無限連分数を無限に続く L と R の語と対応させることができる.例えば,

$$\sqrt{19} = [4; \overline{2, 1, 3, 1, 2, 8}] = f(R^4 \overline{L^2 R L^3 R L^2 R^8}).$$

いささか唐突であるが,連分数の一番の弱点はなんであろうか.それは連分数で表すことによって,体の持っていた和と積の構造がわからなくなってしまうことである.例えば

$$2\sqrt{7} + \frac{1}{2 - \sqrt{7}} = \frac{-2 + 5\sqrt{7}}{3}$$

と計算するのはたやすいが,

$$2[2; \overline{1, 1, 1, 4}] + \frac{1}{2 - [2; \overline{1, 1, 1, 4}]} = [-1; 1, 4, \overline{13, 8, 1, 2, 1, 8}]$$

を直接計算することは難しい.

簡単な場合を考えてみよう.α の連分数展開がわかっているとき,$-\alpha$ の連分数展開を知りたいとする.$A = \begin{bmatrix} -1 & 0 \\ 0 & 1 \end{bmatrix}$ とすると $-\alpha = A\alpha$ であるから,$\alpha = f(R^{a_0} L^{a_1} R^{a_2} \dots)$ なら

$$A R^{a_0} L^{a_1} R^{a_2} \dots = R^{b_0} L^{b_1} R^{b_2} \dots$$

の形に書き換える規則を作ればよい.命題 12.4 の証明のように

$$J = \begin{bmatrix} 0 & 1 \\ 1 & 0 \end{bmatrix}$$

とおき,$R^a J = J L^a$ に注意しながら計算すると,

$$AL = R^{-1} J R, \quad AR = R^{-1} A$$

がわかるので，

$$AR^{a_0}L^{a_1}R_{a_2}\ldots = R^{-a_0}AL^{a_1}R^{a_2}\ldots$$
$$= R^{-a_0-1}JRL^{a_1-1}R^{a_2}\ldots$$
$$= R^{-a_0-1}LR^{a_1-1}L^{a_2}\ldots.$$

したがって

$$-\alpha = [-a_0 - 1; 1, a_1 - 1, a_2, \ldots]$$

となる．ただし，$a_1 - 1$ が 0 になったら，

$$\begin{bmatrix} a & 1 \\ 1 & 0 \end{bmatrix}\begin{bmatrix} 0 & 1 \\ 1 & 0 \end{bmatrix}\begin{bmatrix} b & 1 \\ 1 & 0 \end{bmatrix} = \begin{bmatrix} a+b & 1 \\ 1 & 0 \end{bmatrix}$$

を使って書き換えるものとする．

　この考え方を一般にして α の連分数展開が与えられていたとき，$ad - bc \neq 0$ をみたす整数を成分をもつ行列

$$A = \begin{bmatrix} a & b \\ c & d \end{bmatrix}$$

に対して，$A\alpha = \frac{a\alpha+b}{c\alpha+d}$ の連分数展開を求めることを考えるには，S を L と R の有限の長さの語として，A を作用させたとき，新しい R と L の語 S' と行列 A' を見つけて $AS = S'A'$ の形の書き換え規則を作ればよい．これを一般的な手続きとして書いたのが Raney [23] である．少し煩雑なので，説明はしないがアイディアを知りたければ [22] を見るとよい．

13 ▶ Diophantus 近似

この節では実数の有理数による近似を扱う[46]. この分野は Diophantus 近似とよばれ, 多くの整数論的応用をもつ. 特に, ここでは 2 次無理数の拡張である代数的数を導入し, 代数的数を有理数で近似することを考える. その結果を Thue 方程式の解の個数の有限性と, 超越数の存在に応用する.

命題 13.1. (i) α が有理数ならば

$$\left| \alpha - \frac{p}{q} \right| < \frac{1}{q^2} \tag{13.1}$$

をみたす既約分数 p/q は高々有限個しか存在しない.

(ii) α が無理数ならば, (13.1) をみたす p/q は無限に多く存在する.

証明. (i) $\alpha = a/b$ と既約分数で表す. $a/b \neq p/q$ なら

$$\frac{1}{q^2} > \left| \frac{a}{b} - \frac{p}{q} \right| = \frac{|aq - pb|}{bq} \geq \frac{1}{bq}.$$

これから, $b > q$. よって (13.1) をみたす p/q は有限個しかない.

(ii) 系 4.6 により, α の近似分数がすべて (13.1) をみたす. ☐

α が無理数ならば (13.1) をより精密に

$$\left| \alpha - \frac{p}{q} \right| < \frac{1}{2q^2}$$

[46] この節の記述は [3] を参考にした.

に変えても，これをみたす有理数 p/q が無限に多く存在することが命題 4.7 からわかる.

定義 13.2. 有理数係数の多項式 $f(x) \in \mathbb{Q}[x]$ を $f(x) = g(x)h(x)$ と $h(x), g(x) \in \mathbb{Q}[x]$ を使って分解したときに，$g(x)$ または $h(x)$ が定数多項式に等しくなるならば，$f(x)$ は $\mathbb{Q}$ 上の**既約多項式**であるという.

定義 13.3. 有理数係数の多項式の根になる複素数を**代数的数**とよぶ. 代数的数の全体を $\overline{\mathbb{Q}}$ と書く. 代数的数 α の**次数**を α を根にもつ有理数係数の既約多項式の次数として定義する.

この定義によれば 2 次無理数は次数が 2 の実の代数的数である. また有理数は 1 次の代数的数である.
$\overline{\mathbb{Q}}$ は $\mathbb{C}$ の部分体[47] になることを示すことができる.

定理 13.4 (Liouville). α を $n(> 1)$ 次の実の代数的数とする. α に応じて定数 $c = c(\alpha) > 0$ を選んで，任意の既約分数 $p/q \ (q > 0)$ に対して

$$\left| \alpha - \frac{p}{q} \right| > \frac{c}{q^n} \tag{13.2}$$

となるようにできる.

証明. 代数的数 α を根にもつ有理数係数の既約多項式の分母をはらって，α は整数係数多項式

$$f(x) = a_n x^n + a_{n-1} x^{n-1} + \cdots + a_1 x + a_0 \ (a_n > 0, \ a_i \in \mathbb{Z})$$

の根であるとしてよい. $f(x)$ の $\mathbb{C}$ 内の根を $\alpha_1 = \alpha, \alpha_2, \ldots, \alpha_n$ とする. f は有理数根をもたないので

$$q^n f\left(\frac{p}{q} \right) = a_n p^n + a_{n-1} p^{n-1} q + \cdots + a_0 q^n$$

は 0 ではない整数である. $f(x) = a_n(x - \alpha_1) \cdots (x - \alpha_n)$ だから

$$\left| \alpha - \frac{p}{q} \right| = \frac{\left| q^n f\left(\frac{p}{q} \right) \right|}{a_n q^n \prod_{k=2}^{n} \left| \alpha_k - \frac{p}{q} \right|} \geq \frac{1}{a_n q^n \prod_{k=2}^{n} \left| \alpha_k - \frac{p}{q} \right|}. \tag{13.3}$$

ここで $\lambda = \max_{1 \le i \le n} |\alpha_i|$ とおく.

$|p/q| > 2\lambda$ なら,

$$\left| \alpha - \frac{p}{q} \right| > 2\lambda - \lambda \ge \frac{\lambda}{q^n}.$$

よってこの場合は $c = \lambda$ として (13.2) が成り立つ.

$|p/q| < 2\lambda$ なら,

$$\left| \alpha_k - \frac{p}{q} \right| < 3\lambda \quad (k = 2, \ldots, n).$$

このとき上の不等式 (13.3) から

$$\left| \alpha - \frac{p}{q} \right| > \frac{1}{a_n q^n (3\lambda)^{n-1}}.$$

以上により

$$c = \min \left(\lambda, \frac{1}{a_n (3\lambda)^{n-1}} \right)$$

とおけば (13.2) がつねに成り立つ. $\qquad\qquad\square$

この定理の精密化としては次の定理が著しい.

定理 13.5（Roth）. α を $n(> 1)$ 次の実の代数的数とする. ε を正の実数とする. α, ε にのみ依存する定数 $c > 0$ を選んで, 任意の既約分数 $\dfrac{p}{q}$ $(q > 0)$ に対して

$$\left| \alpha - \frac{p}{q} \right| > \frac{c}{q^{2+\varepsilon}}$$

となるようにできる.

Roth の定理から $|\alpha - \frac{p}{q}| < 1/q^{2+\varepsilon}$ をみたす有理数 p/q は有限個になることがわかるので, 命題 13.1 から, Roth の定理で $\varepsilon = 0$ にはできないことがわかる. この意味で Roth の定理は最良である. Roth の定理の証明については [9] を参照せよ.

Roth の定理と同じ仮定のもとで, Roth の定理の分母の指数に現れる 2 を, 代数的数の次数 n を評価に含む

$$\left| \alpha - \frac{p}{q} \right| > \frac{c}{q^{\frac{n}{2}+1+\varepsilon}} \tag{13.4}$$

で置き換えた Thue の定理を使うと次の不定方程式に関する有限性定理を証明することができる.

命題 13.6（Thue）. $n \geq 3$ とする. 整数係数の 2 変数 n 次斉次多項式[48]

$$g(x,y) = a_n x^n + a_{n-1} x^{n-1} y + \cdots + a_1 x y^{n-1} + a_0 y^n \in \mathbb{Z}[x,y]$$

を考える. $g(x,1)$ は $\mathbb{Q}$ 上で既約であると仮定する. このとき, 任意の 0 でない整数 b に対して, $g(x,y) = b$ は高々有限個の整数解しかもたない.

[48] 各項の x の次数と y の次数をたすと, n となる多項式のこと.

証明. a_n を正と仮定してよい. $\omega_i \, (i = 1, \ldots, n)$ を $g(x,1)$ の根とし,

$$\mu = \min_{i \neq j}(|\omega_i - \omega_j|)$$

とおく. $g(x,y) = b$ が無数に解 (x_m, y_m) をもつとすると, x_m と y_m はともに有界ではない. このとき, ある根 ω_k と点列 $(x_m, y_m)_{m=1}^{\infty}$ の部分列 (x_{m_j}, y_{m_j}) に対して, $\lim_{j \to \infty} (x_{m_j}/y_{m_j}) = \omega_k$ が成立することを背理法で示そう. もし, そうでないとすると, すべての k に対して,

$$\left| \omega_k - \frac{x_m}{y_m} \right| > \varepsilon \quad (m = 1, 2, \ldots)$$

をみたす $\varepsilon > 0$ が存在する. このとき,

$$|b| = \left| y_m{}^n f\left(\frac{x_m}{y_m}, 1 \right) \right| = a_n |y_m|^n \left| \prod_{k=1}^{n} \left(\frac{x_m}{y_m} - \omega_k \right) \right| \geq a_n |y_m|^n \varepsilon^n.$$

これは y_m が有界でないことに矛盾する.

必要ならば根の番号をつけかえ, $\omega := \omega_1$ に対して,

$$\left| \omega - \frac{x_m}{y_m} \right| < \frac{\mu}{2} \quad (m = 1, 2, \ldots)$$

が成り立つとしてよい. このときすべての $k \neq 1$ に対して

$$\left| \frac{x_m}{y_m} - \omega_k \right| \geq |\omega - \omega_k| - \left| \omega - \frac{x_m}{y_m} \right| \geq \frac{\mu}{2}$$

であるから,

$$\left|\omega - \frac{x_m}{y_m}\right| = \frac{|b|}{a_n|y_m|^n \displaystyle\prod_{k=2}^{n}\left|\frac{x_m}{y_m} - \omega_k\right|} \leq \frac{|b|}{a_n(\mu/2)^{n-1}} \cdot \frac{1}{|y_m|^n}.$$

一方，Thue の不等式 (13.4) から，ある定数 c があって，

$$\left|\omega - \frac{x_m}{y_m}\right| > \frac{c}{y_m^{\frac{n}{2}+1}}.$$

ところが $n \geq 3$ という仮定から $\frac{n}{2}+1 < n$ であるから，もし $y_m \to \infty$ であれば矛盾が生じる. $\qquad\square$

命題 13.6 の $g(x,y) = b$ という形の不定方程式は **Thue 方程式**とよばれる．上記の証明では高々有限個の解をもつことだけしかわからないが，1980 年代以降，Diophantus 近似の具体化が急速に進み，例えば，解の個数の具体的な上界を求めることや，実際の解を求めることが多くの場合に可能になっている.

定義 13.7. 代数的数でない実数を**超越数**とよぶ.

$\mathbb{R}$ の濃度と $\overline{\mathbb{Q}} \cap \mathbb{R}$ の濃度を比較すれば，ほとんどすべての実数が超越数であることがわかる．しかし具体的な超越数を与えたり，実際に与えられた数が超越数であることを証明したりすることは一般に難しい．定義どおりに考えるならば，超越数であることを示すには，任意の有理数係数の多項式の根にならないことを示さなければならないからである.

Liouville はこの困難を次の命題を証明することによって克服した.

系 13.8. α を実数とする．正の実数 $\varepsilon > 0$ が存在して，任意の自然数 m に対して

$$0 < \left|\alpha - \frac{p}{q}\right| < \frac{1}{q^{m+\varepsilon}}$$

をみたす有理数 $\dfrac{p}{q}$ が存在すれば，α は超越数である.

証明. 背理法で証明する．α を n 次の代数的数とする．n に対して十分大きく m を選び，その m に対して，命題の不等式が成り立つような p/q を選んでおく．このとき定理 13.4 から，正

の定数 c が存在して,

$$\frac{c}{q^n} < \left| \alpha - \frac{p}{q} \right| < \frac{1}{q^{m+\varepsilon}}.$$

したがって

$$\frac{1}{q^{m+\varepsilon}} < \frac{c}{q^n}$$

をみたすように m を十分大きくとっておけば矛盾が生じる. □

これを使うと次の定理が証明できる.

定理 13.9(**Liouville**).2 以上の自然数 r に対して

$$\omega = \sum_{n=1}^{\infty} \frac{1}{r^{n!}}$$

は超越数である.

証明. 自然数 m に対して,

$$\omega_m = \sum_{k=1}^{m} \frac{1}{r^{k!}} = \frac{p}{r^{m!}}$$

と書く. $q = r^{m!}$ とおく.このとき

$$0 < \omega - \frac{p}{q} = \omega - \omega_m = \sum_{k=m+1}^{\infty} \frac{1}{r^{k!}}$$

$$\leq \frac{1}{r^{(m+1)!}} \sum_{k=1}^{\infty} \frac{1}{r^k} \leq \frac{1}{r^{(m+1)!}} \cdot \frac{r}{r-1} \leq \frac{1}{q^{m+\frac{1}{2}}}.$$

系 13.8 より ω は超越数である. □

定理 13.9 で $r = 10$ とした

$$\sum_{n=1}^{\infty} \frac{1}{10^{n!}} = \frac{1}{10} + \frac{1}{10^2} + \frac{1}{10^6} + \frac{1}{10^{24}} + \cdots$$

は 1844 年に人類が最初に目にした具体的な超越数であった.

超越数であることが期待されていた,自然対数の底 e の超越性が Hermite により証明されたのは 1873 年,また円周率 π の超越性が Lindemann によって証明されたのが 1882 年でこれより後年になってからである.

円積問題は「与えられた円と同じ面積をもつ正方形を定規とコンパスだけを用いて作図できるか」という古代ギリシャの時代以来の未解決問題であった．これは $\sqrt{\pi}$ を定規とコンパスを使って作図できるかどうかという問題と同じである．体の初等的な理論を使うと，定規とコンパスを使って作図できる数は，有理数から四則と平方根を何度かとることによってえられる特別な形をした代数的数だけであることがわかる．一方，Lindemannの定理から π したがって $\sqrt{\pi}$ が超越数であることがわかることにより，円積問題は 19 世紀後半になってようやく否定的に解決されたわけである．

　20 世紀以降の Diophantus 近似の分野の発展は著しく，数論のさまざまな分野に大きな影響を与えている．本書では簡単にしかふれられなかったが，興味ある読者のために入門書として [11] を，より本格的な本として [9] をあげておこう．

14 マイナス連分数

　ここまでは分子が常に 1 である正則連分数ばかりを扱ってきたが，この節以降では，より一般の連分数を扱う．この節では分子が常に -1 である連分数を考える．

定義 14.1. $b_0, b_1, \ldots, b_n, \ldots \in \mathbb{Z}$ で $b_1, \ldots, b_n, \ldots \geq 2$ とする．

$$[\![b_0; b_1, \ldots, b_n]\!] = b_0 - \cfrac{1}{b_1 - \cfrac{1}{b_2 - \cfrac{1}{\ddots - \cfrac{1}{b_{n-1} - \cfrac{1}{b_n}}}}}$$

の形の連分数，およびその極限 $[\![b_0; b_1, \ldots]\!]$ を**マイナス連分数**という．

　次の定理は任意の実数をマイナス連分数に展開するアルゴリズムを与える．

定理 14.2（マイナス連分数展開アルゴリズム）．$\beta = \beta_0$ を実数とする．

$$b_0 = \lfloor \beta_0 \rfloor + 1, \quad \beta_1 = \frac{1}{b_0 - \beta_0}$$

$$b_i = \lfloor \beta_i \rfloor + 1, \quad \beta_{i+1} = \frac{1}{b_i - \beta_i} \quad (i \geq 1)$$

で $b_0, b_1, \ldots$ を決めると，

$$\beta = [\![b_0; b_1, b_2, \ldots, \beta_k]\!].$$

ここで実数 x に対して $\lfloor x \rfloor$ は床関数（定義 3.16）である．またこのとき，$i \geq 1$ ならば $b_i \geq 2$ となる．

証明． 手続きの始まりを具体的に書いてみると，定義により $\beta_i \neq 0 \, (i \geq 1)$ なので

$$\beta = b_0 - (b_0 - \beta_0) = b_0 - \frac{1}{\beta_1},$$

$$b_0 - \frac{1}{b_1 - (b_1 - \beta_1)} = b_0 - \cfrac{1}{b_1 - \cfrac{1}{\beta_2}} = \cdots.$$

これを繰り返せば連分数展開がえられる．

$i \geq 1$ とする．β_{i-1} が整数でないならば，$b_{i-1} - \beta_{i-1} < 1$ より，$\beta_i > 1$．このとき，$b_i > 2$ である．また β_{i-1} が整数ならば，$b_{i-1} - \beta_{i-1} = 1$．このとき $b_i = 2$ となる．いずれの場合も $b_i \geq 2$ が成り立つ． $\qquad\square$

右辺の無限マイナス連分数が $k \to \infty$ のときに収束し β と一致することは命題 14.6 で証明する．

補注 14.3． 実数 β に定理 14.2 を適用すると，いつでも無限連分数がえられ，有限ではとまらないことに注意する．それは床関数の定義から $\beta_i - 1 < \lfloor \beta_i \rfloor \leq \beta_i$ だから，$0 < b_i - \beta_i = \lfloor \beta_i \rfloor + 1 - \beta_i \leq 1$ が成り立ち，$b_i - \beta_i$ は決して 0 にならないからである．

例 14.4． 有理数と 2 次無理数のマイナス連分数展開を求めてみる．

(i) $\dfrac{32}{17}$ の連分数展開．$\lfloor 32/17 \rfloor = 1$ だから $b_0 = 2$ で，

$$\frac{32}{17} = 2 - \left(2 - \frac{32}{17}\right) = 2 - \frac{2}{17} = 2 - \cfrac{1}{\cfrac{17}{2}}.$$

$\lfloor 17/2 \rfloor = 8$ だから，

$$\frac{17}{2} = 9 - \left(9 - \frac{17}{2}\right) = 9 - \frac{1}{2}$$

となり，

$$\frac{32}{17} = 2 - \cfrac{1}{9 - \cfrac{1}{2}}$$

をえる．以下

$$\frac{1}{2} = \frac{1}{3-1} = \cfrac{1}{3 - \cfrac{1}{1}} = \cfrac{1}{3 - \cfrac{1}{2-1}} = \cfrac{1}{3 - \cfrac{1}{2 - \cfrac{1}{2-1}}} = \cdots$$

だから，

$$\frac{32}{17} = 2 - \cfrac{1}{9 - \cfrac{1}{3 - \cfrac{1}{2 - \cfrac{1}{2 - \ddots}}}} = [\![2; 9, 3, 2, 2, \ldots]\!] = [\![2; 9, 3, \overline{2}]\!].$$

正則連分数のときと同様に，上線で循環節を表すことにする．

(ii) $\sqrt{7}$ の連分数展開．$\lfloor \sqrt{7} \rfloor = 2$ だから

$$\sqrt{7} = 3 - (3 - \sqrt{7}) = 3 - \cfrac{1}{\cfrac{1}{3 - \sqrt{7}}}.$$

$\left\lfloor \frac{1}{3-\sqrt{7}} \right\rfloor = 2$ だから，

$$\frac{1}{3 - \sqrt{7}} = 3 - \left(3 - \frac{1}{3 - \sqrt{7}}\right) = 3 - \frac{3 - \sqrt{7}}{2}.$$

これから

$$\sqrt{7} = 3 - \cfrac{1}{3 - \cfrac{1}{\cfrac{2}{3 - \sqrt{7}}}}.$$

さらに $\left\lfloor \frac{2}{3-\sqrt{7}} \right\rfloor = 5$ なので,

$$\frac{2}{3-\sqrt{7}} = 6 - (3 - \sqrt{7}) = 6 - \cfrac{1}{\cfrac{1}{3-\sqrt{7}}}.$$

これからあとの計算は繰り返しになるので,

$$\sqrt{7} = 3 - \cfrac{1}{3 - \cfrac{1}{6 - \cfrac{1}{3-\sqrt{7}}}} = [\![3; 3, 6, 3, 6, \cdots]\!] = [\![3; \overline{3, 6}]\!]$$

がえられる.

問 **14.1**   次の数をマイナス連分数に展開せよ.

$$\text{(i) } \frac{17}{5} \qquad \text{(ii) } \sqrt{5}$$

実数 $\beta \in \mathbb{R}$ への行列

$$A = \begin{bmatrix} a & b \\ c & d \end{bmatrix} \in \mathrm{GL}_2(\mathbb{Z})$$

の作用が (5.1) により一次分数変換

$$A\beta = \frac{a\beta + b}{c\beta + d}$$

で与えられることを思い出しておこう.

命題 14.5. 実数 β のマイナス連分数への展開が

$$[\![b_0; b_1, \ldots, b_k, \ldots]\!] = [\![b_0; b_1, \ldots, b_k, \beta_{k+1}]\!]$$

ならば,

$$\beta = \begin{bmatrix} b_0 & -1 \\ 1 & 0 \end{bmatrix} \begin{bmatrix} b_1 & -1 \\ 1 & 0 \end{bmatrix} \cdots \begin{bmatrix} b_k & -1 \\ 1 & 0 \end{bmatrix} \beta_{k+1} \qquad (14.1)$$

である．ここで β_k は定理 14.2 で定義されたものである．

証明． k に関する帰納法で示す．$k = 0$ のときは

$$\begin{bmatrix} b_0 & -1 \\ 1 & 0 \end{bmatrix} \beta_1 = \frac{b_0 \cdot \dfrac{1}{b_0 - \beta_0} - 1}{\dfrac{1}{b_0 - \beta_0}} = b_0 - (b_0 - \beta_0) = \beta_0 = \beta.$$

k のときに成立することを仮定すると，β_{k+1} の定義から，

$$\beta_{k+1} = \frac{1}{b_k - \beta_k} = \begin{bmatrix} 0 & 1 \\ -1 & b_k \end{bmatrix} \beta_k.$$

逆行列を作用させて，

$$\beta_k = \begin{bmatrix} b_k & -1 \\ 1 & 0 \end{bmatrix} \beta_{k+1}.$$

この式を，k のときに帰納法の仮定から成立する式に代入すれば $k+1$ のときの式がえられる． $\qquad\square$

　正則連分数の場合は $\begin{bmatrix} a & 1 \\ 1 & 0 \end{bmatrix}$ の形の，行列式が -1 の行列の作用が理論の基礎となっていたが，マイナス連分数の場合は上の命題でみたとおり $\begin{bmatrix} b & -1 \\ 1 & 0 \end{bmatrix}$ という形の，行列式が 1 の行列の作用が基礎となる．したがって，マイナス連分数の場合は作用している群が $\mathrm{GL}_2(\mathbb{Z})$ の部分群であるモジュラー群

$$\mathrm{SL}_2(\mathbb{Z}) = \{A \in \mathrm{GL}_2(\mathbb{Z}) \mid \det A = 1\}$$

になる（補題 9.5）．

命題 14.6. $b_0, b_1, \ldots \in \mathbb{Z}$ で $i \geq 1$ なら $b_i \geq 2$ とする．

$$\begin{bmatrix} p_k & -p_{k-1} \\ q_k & -q_{k-1} \end{bmatrix} = \begin{bmatrix} b_0 & -1 \\ 1 & 0 \end{bmatrix} \begin{bmatrix} b_1 & -1 \\ 1 & 0 \end{bmatrix} \cdots \begin{bmatrix} b_k & -1 \\ 1 & 0 \end{bmatrix} \quad (14.2)$$

と定義すると，数列 $(p_k/q_k)_{k=0}^{\infty}$ は収束する．またマイナス連分数

$$[\![b_0; b_1, \ldots, b_k, \ldots]\!]$$

は $\displaystyle\lim_{n \to \infty} \frac{p_k}{q_k}$ に収束する[49]．

49) p_k, q_k は正則連分数のときと同じ記号であるが，もちろん値は異なる．

証明のためにまず次の補題を証明する.

補題 14.7. $(q_k)_{k=0}^{\infty}$ は正の狭義単調増加整数列である.

証明. 式 (14.2) からわかる行列の等式

$$
\begin{bmatrix} p_{k+1} & -p_k \\ q_{k+1} & -q_k \end{bmatrix} = \begin{bmatrix} p_k & -p_{k-1} \\ q_k & -q_{k-1} \end{bmatrix} \begin{bmatrix} b_{k+1} & -1 \\ 1 & 0 \end{bmatrix}
$$

の $(2,1)$ 成分を比較して, 漸化式

$$
q_{k+1} = b_{k+1} q_k - q_{k-1}
$$

をえる. この漸化式と, $k \geq 1$ なら $b_k \geq 2$ であることを使うと,

$$
\begin{aligned}
q_{k+1} - q_k &= (b_{k+1} - 1) q_k - q_{k-1} \\
&\geq q_k - q_{k-1} \\
&\geq \cdots \geq q_1 - q_0 = (b_1 + 1) - 1 > 0
\end{aligned}
$$

となる. したがって (q_k) は狭義単調増加列である. $q_0 = 1$ だから, すべての項は正の整数である. $\qquad\square$

命題 14.6 の証明. (14.2) の両辺の行列式をとることにより, 任意の k に対し $-p_k q_{k-1} + p_{k-1} q_k = 1$ がわかる. これから, 特に p_k/q_k は既約分数である. また,

$$
\frac{p_{k+1}}{q_{k+1}} - \frac{p_k}{q_k} = \frac{1}{q_k q_{k+1}} (p_{k+1} q_k - p_k q_{k+1}) = -\frac{1}{q_k q_{k+1}}
$$

が成り立つので, 補題 14.7 から (p_k/q_k) は狭義単調減少列であって, $b_0 - 1$ で下からおさえられるので, 定理 1.1 により収束する.

命題 14.5 と同様に, 実数 β_{k+1} を $[\![b_0; b_1, \ldots]\!] = [\![b_0; b_1, \ldots, b_k, \beta_{k+1}]\!]$ をみたすものとする. (14.2) の両辺を β_{k+1} に作用させると,

$$
\beta = [\![b_0; b_1, \ldots, b_k, \beta_{k+1}]\!] = \frac{p_k \beta_{k+1} - p_{k-1}}{q_k \beta_{k+1} - q_{k-1}}.
$$

したがって $\beta_{k+1} \geq 1$ に注意すると

$$
\frac{p_k}{q_k} - \beta = \frac{p_k}{q_k} - \frac{p_k \beta_{k+1} - p_{k-1}}{q_k \beta_{k+1} - q_{k-1}} = \frac{1}{q_k(q_k \beta_{k+1} - q_{k-1})} \leq \frac{1}{q_k}
$$

が成立するので，(p_k/q_k) は $k \to \infty$ のとき β に収束する．　　□

命題 14.6 の証明から，マイナス連分数の場合，近似分数の収束は単調で正則連分数の場合より簡単である．

正則連分数の中では有理数は有限正則連分数として特徴づけられていた（定理 3.2）．しかし例 14.4 でみたように，また補注 14.3 で注意したようにマイナス連分数展開は決して有限で終わることはない．有理数のマイナス連分数展開については次の命題が成り立つ．

命題 14.8. β が有理数であることと，β のマイナス連分数展開があるところからすべて 2 が続く無限連分数であることは同値である．

証明. β が整数 n に等しければ，マイナス連分数展開アルゴリズム（定理 14.2）から

$$\beta = n = [\![n+1 ; \overline{2}]\!]$$

となり命題が成り立つ．

そこで $\beta = c/d \in \mathbb{Q}$ とし $d \neq 1$ とする．このとき同アルゴリズムより β_i $(i \geq 0)$ も有理数である．$i \geq 1$ なら $b_i \geq 2$ だから，$\beta_i > 0$．$\beta_i = c_i/d_i$ $(c_i, d_i \in \mathbb{N})$ と既約分数に表そう．このとき，

$$\beta = \frac{c}{d} = b_0 - \cfrac{1}{\cfrac{c_1}{d_1}} = b_0 - \frac{d_1}{c_1}.$$

したがって

$$b_0 = \frac{c}{d} + \frac{d_1}{c_1}.$$

同様に

$$b_n = \frac{c_n}{d_n} + \frac{d_{n+1}}{c_{n+1}}$$

が示される．すなわち $b_n d_n c_{n+1} = c_n c_{n+1} + d_n d_{n+1}$ が成り立つ．これから $c_{n+1} \mid d_n d_{n+1}$．ここで $(c_{n+1}, d_{n+1}) = 1$ だから $c_{n+1} \mid d_n$．特に $c_{n+1} \leq d_n$．また $\beta_{n+1} \geq 1$ だから，$d_{n+1} < c_{n+1}$．以上により $d_{n+1} < d_n$ がわかる．したがって

(d_n) は狭義単調減少な自然数列となることがわかった. これから, ある番号 N があって $d_N = 1$ となり, このとき β_N は整数である. したがって, そのマイナス連分数展開の末尾は 2 である.

逆をいう. 以下の補題 14.9 から, n を ∞ に近づけるとき

$$\begin{bmatrix} 2 & -1 \\ 1 & 0 \end{bmatrix}^n \infty = \frac{n+1}{n} \to 1.$$

これから, $\beta = [\![b_0; b_1, \ldots, b_k, \overline{2}]\!]$ であれば,

$$\beta = \lim_{n \to \infty} \begin{bmatrix} b_0 & -1 \\ 1 & 0 \end{bmatrix} \begin{bmatrix} b_1 & -1 \\ 1 & 0 \end{bmatrix} \cdots \begin{bmatrix} b_k & -1 \\ 1 & 0 \end{bmatrix} \begin{bmatrix} 2 & -1 \\ 1 & 0 \end{bmatrix}^n \infty$$

$$= \begin{bmatrix} b_0 & -1 \\ 1 & 0 \end{bmatrix} \begin{bmatrix} b_1 & -1 \\ 1 & 0 \end{bmatrix} \cdots \begin{bmatrix} b_k & -1 \\ 1 & 0 \end{bmatrix} 1$$

となり β は有理数になる. □

証明中でみたように, 有理数のマイナス連分数展開をもとの分数に直すには, 近似分数の行列を ∞ ではなく 1 に作用させる必要があることに注意が必要である.

証明の中で使った次の補題は帰納法で容易に証明できる. 証明は読者にまかせよう.

補題 14.9. 正の整数 n に対して,

$$\begin{bmatrix} 2 & -1 \\ 1 & 0 \end{bmatrix}^n = \begin{bmatrix} n+1 & -n \\ n & -n+1 \end{bmatrix}$$

が成り立つ.

正則連分数展開とマイナス連分数展開の関係は次の命題で与えられる.

命題 14.10. 実無理数 α の正則連分数展開を

$$\alpha = [a_0; a_1, a_2, \ldots]$$

とし, マイナス連分数展開を

$$\alpha = [\![b_0; b_1, b_2, \ldots]\!]$$

とすると，

$$[\![b_0; b_1, b_2, \ldots]\!] = [\![a_0 + 1; \underbrace{2, \ldots, 2}_{a_1 - 1 \text{ 個}}, a_2 + 2, \underbrace{2, \ldots, 2}_{a_3 - 1 \text{ 個}}, a_4 + 2, \ldots]\!]$$

が成り立つ．

証明. 証明する式の右辺のマイナス連分数展開に対応する行列を書くと，補題 14.9 から，

$$
\begin{aligned}
\begin{bmatrix} a_0 + 1 & -1 \\ 1 & 0 \end{bmatrix} \begin{bmatrix} 2 & -1 \\ 1 & 0 \end{bmatrix}^{a_1 - 1} &= \begin{bmatrix} a_0 + 1 & -1 \\ 1 & 0 \end{bmatrix} \begin{bmatrix} a_1 & -a_1 + 1 \\ a_1 - 1 & -a_1 + 2 \end{bmatrix} \\
&= \begin{bmatrix} a_0 a_1 + 1 & -a_0 a_1 + a_0 - 1 \\ a_1 & -a_1 + 1 \end{bmatrix} \\
&= \begin{bmatrix} a_0 & 1 \\ 1 & 0 \end{bmatrix} \begin{bmatrix} a_1 & 1 \\ 1 & 0 \end{bmatrix} \begin{bmatrix} 1 & -1 \\ 0 & 1 \end{bmatrix}.
\end{aligned}
$$

また

$$\begin{bmatrix} 1 & -1 \\ 0 & 1 \end{bmatrix} \begin{bmatrix} a_2 + 2 & -1 \\ 1 & 0 \end{bmatrix} = \begin{bmatrix} a_2 + 1 & -1 \\ 1 & 0 \end{bmatrix} = \begin{bmatrix} a_2 & 1 \\ 1 & 0 \end{bmatrix} \begin{bmatrix} 1 & 0 \\ 1 & -1 \end{bmatrix}.$$

さらに

$$
\begin{aligned}
\begin{bmatrix} 1 & 0 \\ 1 & -1 \end{bmatrix} \begin{bmatrix} 2 & -1 \\ 1 & 0 \end{bmatrix}^{a_3 - 1} &= \begin{bmatrix} 1 & 0 \\ 1 & -1 \end{bmatrix} \begin{bmatrix} a_3 & -a_3 + 1 \\ a_3 - 1 & -a_3 + 2 \end{bmatrix} \\
&= \begin{bmatrix} a_3 & -a_3 + 1 \\ 1 & -1 \end{bmatrix} = \begin{bmatrix} a_3 & 1 \\ 1 & 0 \end{bmatrix} \begin{bmatrix} 1 & -1 \\ 0 & 1 \end{bmatrix}.
\end{aligned}
$$

以上により，$k \geq 3$ が奇数のとき，

$$
\begin{aligned}
&\begin{bmatrix} a_0 + 1 & -1 \\ 1 & 0 \end{bmatrix} \begin{bmatrix} 2 & -1 \\ 1 & 0 \end{bmatrix}^{a_1 - 1} \cdots \begin{bmatrix} a_k + 2 & -1 \\ 1 & 0 \end{bmatrix} \begin{bmatrix} 2 & -1 \\ 1 & 0 \end{bmatrix}^{a_k - 1} \\
&\qquad = \begin{bmatrix} a_0 & 1 \\ 1 & 0 \end{bmatrix} \begin{bmatrix} a_1 & 1 \\ 1 & 0 \end{bmatrix} \cdots \begin{bmatrix} a_k & 1 \\ 1 & 0 \end{bmatrix} \begin{bmatrix} 1 & -1 \\ 0 & 1 \end{bmatrix}.
\end{aligned}
$$

両辺の右から $\begin{bmatrix} 1 & -1 \\ 0 & 1 \end{bmatrix}$ の逆行列 $\begin{bmatrix} 1 & 1 \\ 0 & 1 \end{bmatrix} = \begin{bmatrix} 1 & -1 \\ 1 & 0 \end{bmatrix} \begin{bmatrix} 0 & 1 \\ -1 & 0 \end{bmatrix}$

をかけて，両辺を ∞ に作用させると，左辺は 0 への作用にかわって

$$\begin{bmatrix} a_0 + 1 & -1 \\ 1 & 0 \end{bmatrix} \begin{bmatrix} 2 & -1 \\ 1 & 0 \end{bmatrix}^{a_1-1} \cdots \begin{bmatrix} a_k + 2 & -1 \\ 1 & 0 \end{bmatrix} \begin{bmatrix} 2 & -1 \\ 1 & 0 \end{bmatrix}^{a_k-1} \begin{bmatrix} 1 & -1 \\ 1 & 0 \end{bmatrix} 0$$

$$= \begin{bmatrix} a_0 & 1 \\ 1 & 1 \end{bmatrix} \begin{bmatrix} a_1 & 1 \\ 1 & 0 \end{bmatrix} \cdots \begin{bmatrix} a_k & 1 \\ 1 & 0 \end{bmatrix} \infty.$$

(14.2) により，

$$[\![a_0+1; \underbrace{2,\dots,2}_{a_1-1 \ \text{個}}, a_2+2,\dots,a_{k-1}+2, \underbrace{2,\dots,2}_{a_k-1 \ \text{個}}, \overline{2}]\!] = [a_0; a_1,\dots,a_k]$$

が成り立つ．$k \geq 2$ が偶数の場合は，

$$\begin{bmatrix} a_0 + 1 & -1 \\ 1 & 0 \end{bmatrix} \begin{bmatrix} 2 & -1 \\ 1 & 0 \end{bmatrix}^{a_1-1} \cdots \begin{bmatrix} a_k + 2 & -1 \\ 1 & 0 \end{bmatrix}$$

$$= \begin{bmatrix} a_0 & 1 \\ 1 & 0 \end{bmatrix} \begin{bmatrix} a_1 & 1 \\ 1 & 0 \end{bmatrix} \cdots \begin{bmatrix} a_k & 1 \\ 1 & 0 \end{bmatrix} \begin{bmatrix} 1 & 0 \\ 1 & -1 \end{bmatrix}.$$

両辺を 1 に作用させると，$\begin{bmatrix} 1 & 0 \\ 1 & -1 \end{bmatrix} 1 = \infty$ だから，やはり，

$$[\![a_0+1; \underbrace{2,\dots,2}_{a_1-1 \ \text{個}}, a_2+2,\dots, \underbrace{2,\dots,2}_{a_k-1 \ \text{個}}, a_k+2, \overline{2}]\!] = [a_0; a_1,\dots,a_k]$$

が成り立つ．よって極限に移行すれば，命題がえられる．　　□

命題 14.10 から，正則連分数のときと同様に次の命題が成り立つ．

命題 14.11. 有理数でない実数 β のマイナス連分数展開が周期をもつための必要十分条件は β が 2 次無理数となることである．

定義 14.12. 2 次無理数 β が**マイナス簡約**であるとは

$$0 < \beta' < 1 < \beta$$

をみたすことをいう．マイナス簡約 2 次無理数の全体を $\widetilde{R}_2$ で表し，判別式 D のマイナス簡約 2 次無理数の全体を $\widetilde{R}_2(D)$ と

表す.

補注 14.13. $\alpha \in I_2$ のみたす多項式を

$$f(x) = ax^2 - bx + c \in \mathbb{Z}[x], \ (a,b,c) = 1, \ a > 0 \quad (14.3)$$

とする. b の前の符号に注意する. このとき, $\alpha \in \widetilde{R}_2$ となるための必要十分条件は

$$f(0) > 0, \quad f(1) < 0$$

である. したがって $c > 0$, $b > a + c > 0$ である.

命題 14.14. マイナス簡約 2 次無理数 $\alpha \in \widetilde{R}_2(D)$ は (14.3) の根であるとする. $k = b - 2a$ とおくと,

$$|k| < \sqrt{D}, \quad a \left| \frac{D - k^2}{4} \right.$$

が成り立つ. 特に $\widetilde{R}_2(D)$ は有限集合である.

証明. 補注 14.13 から

$$D - k^2 = b^2 - 4ac - (b - 2a)^2 = 4a(b - c - a) > 0$$

成り立つので,

$$|k| < \sqrt{D}, \quad a \left| \frac{D - k^2}{4} \right.$$

がわかる. このとき

$$(a,b,c) = \left(a, k + 2a, k + a - \frac{D - k^2}{4a} \right)$$

となる. $\qquad\qquad\qquad\qquad\qquad\qquad\qquad\qquad\qquad\square$

例 14.15. $\widetilde{R}_2(21)$ を求める. $|k| < \sqrt{21} = 4.58\ldots$ から

$$k = 0, \pm 1, \pm 2, \pm 3, \pm 4$$

が候補になるが, $D - k^2 \equiv 0 \pmod 4$ から, $k = \pm 1, \pm 3$ に絞られる. 命題 14.14 を使って計算すると次の表がえられる.

k	-3		-1		1		3	
$\frac{21-k^2}{4}$	3		5		5		3	
a	1	3	1	5	1	5	1	3
$b = k + 2a$	-1	3	1	9	3	11	5	9
$c = k + a - \frac{21-k^2}{4a}$	-5	-1	-5	3	-3	5	1	5

$c > 0$ でなくてはならないから, b の符号のとり方に注意して,

$$\widetilde{R}_2(21) = \left\{ \frac{9 + \sqrt{21}}{10}, \frac{11 + \sqrt{21}}{10}, \frac{5 + \sqrt{21}}{2}, \frac{9 + \sqrt{21}}{6} \right\}$$

をえる.

問 14.2 $\widetilde{R}_2(28)$ を求めよ.

次の命題は正則連分数に関する定理 6.15 のマイナス連分数に対する類似である.

命題 14.16. 任意の $\beta = [\![b_0; b_1, \ldots]\!] \in I_2(D)$ に対して, 十分大きく n をとると, $\beta_n = [\![b_n; b_{n+1}, \ldots]\!] \in \widetilde{R}_2(D)$ が成り立つ. さらに $\beta_n \in \widetilde{R}_2(D)$ ならば, n 以上の任意の m に対して $\beta_m \in \widetilde{R}_2(D)$ となる.

証明. 補注 14.3 から β が無理数なら $\beta_n > 1$ が成り立っている. したがって十分大きい任意の n に対して, $0 < \beta_n' < 1$ をいえばよい. 命題 14.5 および命題 14.6 から

$$\beta_{k+1} = \begin{bmatrix} p_k & -p_{k-1} \\ q_k & -q_{k-1} \end{bmatrix}^{-1} \beta = \begin{bmatrix} -q_{n-1} & p_{n-1} \\ -q_n & p_n \end{bmatrix} \beta$$

だから,

$$\beta_{k+1}' = \frac{-q_{n-1}\beta' + p_{n-1}}{-q_n\beta' + p_n} = \frac{q_{n-1}}{q_n} \times \frac{\left(\beta' - \dfrac{p_{n-1}}{q_{n-1}} \right)}{\left(\beta' - \dfrac{p_n}{q_n} \right)}.$$

ここで後半の比は 1 に近づき, q_n は補題 14.7 から単調増加なので, 十分大きな k に対して, $0 < \beta_k' < 1$ が常に成り立つ. $\square$

系 14.17. 任意の $\beta \in I_2(D)$ はある $\widetilde{R}_2(D)$ に正同値である.

証明. 命題 14.16 から,

$$\beta = [\![b_0; b_1, \ldots, b_k, \beta_{k+1}]\!] = \begin{bmatrix} b_0 & -1 \\ 1 & 0 \end{bmatrix} \cdots \begin{bmatrix} b_k & -1 \\ 1 & 0 \end{bmatrix} \beta_{k+1}$$

において, 十分大きく k をとれば $\beta_{k+1} \in \widetilde{R}_2(D)$ が成り立つ. ここで

$$\begin{bmatrix} b_0 & -1 \\ 1 & 0 \end{bmatrix} \cdots \begin{bmatrix} b_k & -1 \\ 1 & 0 \end{bmatrix} \in \mathrm{SL}_2(\mathbb{Z})$$

であるから, β と β_{k+1} は正同値になる. □

命題 14.18. 2 次無理数 β に対して, マイナス簡約であることと, マイナス連分数展開が純周期的であることは同値である.

証明. β が純周期的なマイナス連分数展開をもつとすると,

$$\beta = [\![b_0; b_1, \ldots, b_{t-1}, \beta]\!] = [\![b_0; b_1, \ldots, b_{t-1}, b_0, b_1, \ldots, b_{t-1}, \beta]\!].$$

命題 14.16 から β はマイナス簡約になる.

逆に β がマイナス簡約であるとし, $\beta = [\![b_0; b_1, \ldots, b_{k-1}, \beta_k]\!]$ を β のマイナス連分数展開とする. 命題 14.16 から任意の $k \geq 0$ に対して, $\beta_k \in \widetilde{R}_2(D)$. ここで D は β の判別式である. $\widetilde{R}_2(D)$ は有限集合だから, $\beta = \beta_0 = \beta_\ell$ をみたす自然数 ℓ が存在する. これは連分数展開が純周期的であることを示す. □

例 14.19. 例 14.15 で求めた $\widetilde{R}_2(21)$ の元のマイナス連分数展開を求めてみる.

$$\frac{9 + \sqrt{21}}{10} = [\![\overline{2, 2, 3}]\!], \qquad \frac{11 + \sqrt{21}}{10} = [\![\overline{2, 3, 2}]\!],$$

$$\frac{5 + \sqrt{21}}{2} = [\![\overline{5}]\!], \qquad \frac{9 + \sqrt{21}}{6} = [\![\overline{3, 2, 2}]\!].$$

これらはすべて純周期的である.

問 14.3 $[\![\overline{s, t}]\!]$ となる簡約 2 次無理数を求めよ.

この節の最後に簡約 2 次無理数とマイナス簡約 2 次無理数の関係を与えておこう.

補題 14.20. α が簡約 2 次無理数ならば $\beta = 1 + \alpha$ はマイナ

ス簡約 2 次無理数である.

証明. 定義 6.10 を思い出すと,α が簡約 2 次無理数であることの定義は $\alpha > 1$ かつ $-1 < \alpha' < 0$ であるから,$\beta = 1 + \alpha$ がマイナス簡約であることがすぐにわかる.　　　　　　　□

マイナス連分数展開では $SL_2(\mathbb{Z})$ の元で移りあっているので,狭義の類数 $h^+(D)$ がわかる.

例 14.21. 例 14.19 で求めた $\widetilde{R}_2(21)$ の元の連分数展開をみると,

$$\frac{9 + \sqrt{21}}{10} = [\![2, 2, 3]\!] = [\![2; \overline{2, 3, 2}]\!] = [\![2; 2, \overline{3, 2, 2}]\!]$$

であるから,

$$\frac{9 + \sqrt{21}}{10} \underset{\sim}{} \frac{11 + \sqrt{21}}{10} \underset{\sim}{} \frac{9 + \sqrt{21}}{6}$$

をえる.一方 $(5 + \sqrt{21})/2 = [\![\overline{5}]\!]$ はこれらに同値ではないので,$h^+(41) = 2$.

> **問 14.4**　$\widetilde{R}_2(28)$ の元に対して,そのマイナス連分数展開を求めよ.また類数を求めよ.

マイナス連分数展開は命題 14.10 からみれば,正則連分数の単なる冗長な表現だと思われるかもしれないが,その近似分数の単調収束性や,正同値の扱いやすさに特徴がある.マイナス連分数は古くからあったと考えられるが,それを 2 次体の深い理論に応用したのは Zagier であろう.その研究の一端が著書 [8] で味わえる.

15 ▶ 一般の連分数展開

この節と次の節ではより一般の連分数

$$\left[a_0; \frac{b_1}{a_1}, \frac{b_2}{a_2}, \dots\right] = a_0 + \cfrac{b_1}{a_1 + \cfrac{b_2}{a_2 + \cfrac{b_3}{\ddots}}} \qquad (15.1)$$

を扱う. そのために, いくらか準備が必要である. (15.1) の左辺の表記は他の文献では見られないが, 見やすいので本書で採用することにした. この場合も近似分数を以前のように

$$\frac{p_n}{q_n} = \left[a_0; \frac{b_1}{a_1}, \frac{b_2}{a_2}, \dots, \frac{b_n}{a_n}\right]$$

で定義する. このとき命題 3.7 と類似の次の命題が成り立つ.

命題 15.1. 数列 $(p_n), (q_n)$ は次の漸化式をみたす.

$$p_0 = a_0, \quad p_1 = a_0 a_1 + b_1, \quad p_k = a_k p_{k-1} + b_k p_{k-2}$$
$$q_0 = 1, \quad q_1 = a_1, \qquad\qquad q_k = a_k q_{k-1} + b_k q_{k-2}.$$

証明. $k = 0, 1$ のときは簡単に確かめられる. k より小さいときに成立すると仮定する. k のときは

$$\frac{p_k}{q_k} = \left[a_0; \frac{b_1}{a_1}, \dots, \frac{b_k}{a_k}\right] = \left[a_0; \frac{b_1}{a_1}, \dots, \frac{b_{k-1}}{a_{k-1} + \frac{b_k}{a_k}}\right]$$

$$= \frac{\left(a_{k-1} + \frac{b_k}{a_k}\right) p_{k-2} + b_{k-1} p_{k-3}}{\left(a_{k-1} + \frac{b_k}{a_k}\right) q_{k-2} + b_{k-1} q_{k-3}}$$

$$= \frac{a_k(a_{k-1}p_{k-2} + b_{k-1}p_{k-3}) + b_k p_{k-2}}{a_k(a_{k-1}q_{k-2} + b_{k-1}q_{k-3}) + b_k q_{k-2}}$$

$$= \frac{a_k p_{k-1} + b_k p_{k-2}}{a_k q_{k-1} + b_k q_{k-2}}$$

となり成立する. □

命題 15.1 を行列で書くと,

$$\begin{bmatrix} p_k & p_{k-1} \\ q_k & q_{k-1} \end{bmatrix} = \begin{bmatrix} p_{k-1} & p_{k-2} \\ q_{k-1} & q_{k-2} \end{bmatrix} \begin{bmatrix} a_k & 1 \\ b_k & 0 \end{bmatrix}$$

$$= \begin{bmatrix} p_{k-2} & p_{k-3} \\ q_{k-2} & q_{k-3} \end{bmatrix} \begin{bmatrix} a_{k-1} & 1 \\ b_{k-1} & 0 \end{bmatrix} \begin{bmatrix} a_k & 1 \\ b_k & 0 \end{bmatrix}$$

$$= \begin{bmatrix} p_1 & p_0 \\ q_1 & q_0 \end{bmatrix} \begin{bmatrix} a_2 & 1 \\ b_2 & 0 \end{bmatrix} \cdots \begin{bmatrix} a_k & 1 \\ b_k & 0 \end{bmatrix}$$

$$= \begin{bmatrix} a_0 a_1 + b_1 & a_0 \\ a_1 & 1 \end{bmatrix} \begin{bmatrix} a_2 & 1 \\ b_2 & 0 \end{bmatrix} \cdots \begin{bmatrix} a_k & 1 \\ b_k & 0 \end{bmatrix}$$

$$= \begin{bmatrix} a_0 & 1 \\ b_0 & 0 \end{bmatrix} \begin{bmatrix} a_1 & 1 \\ b_1 & 0 \end{bmatrix} \cdots \begin{bmatrix} a_k & 1 \\ b_k & 0 \end{bmatrix}.$$

ただし $b_0 = 1$ とおいた.

この行列表示を命題としてまとめておこう.

命題 15.2. $\dfrac{p_n}{q_n} = \left[a_0; \dfrac{b_1}{a_1}, \dfrac{b_2}{a_2}, \ldots, \dfrac{b_n}{a_n} \right]$ のとき, $b_0 = 1$ とおくと,

$$\begin{bmatrix} p_k & p_{k-1} \\ q_k & q_{k-1} \end{bmatrix} = \begin{bmatrix} a_0 & 1 \\ b_0 & 0 \end{bmatrix} \begin{bmatrix} a_1 & 1 \\ b_1 & 0 \end{bmatrix} \cdots \begin{bmatrix} a_k & 1 \\ b_k & 0 \end{bmatrix}.$$

この命題の主張の式の両辺の行列式をとると次の系がえられる.

系 15.3.

$$p_k q_{k-1} - q_k p_{k-1} = \prod_{i=0}^{k} (-b_i).$$

命題 15.4. 0 でない数列 (u_n) をとって

$$a_1 \to a_1 u_1, \qquad a_2 \to a_2 u_2, \qquad a_k \to a_k u_k,$$

$$b_1 \to b_1 u_1, \qquad b_2 \to b_2 u_2 u_1, \qquad b_k \to b_k u_k u_{k-1}$$

と変換すると,

$$p_1 \to u_1 p_1, \qquad\qquad p_k \to u_1 \cdots u_k p_k,$$

$$q_1 \to u_1 q_1, \qquad\qquad q_k \to u_1 \cdots u_k q_k$$

となる. これを**同値変換**という.

同値変換では p_k/q_k は変わらないので, 連分数の値も変わらない.

証明. 前の命題から p_k, q_k は

$$\begin{bmatrix} a_0 & 1 \\ b_0 & 0 \end{bmatrix} \begin{bmatrix} a_1 & 1 \\ b_1 & 0 \end{bmatrix} \cdots \begin{bmatrix} a_k & 1 \\ b_k & 0 \end{bmatrix}$$

の $(1,1)$ 成分と $(2,1)$ 成分である. 一方, 変換をしたあとの近似分数に対応する行列を計算すると, スカラー行列 $\begin{bmatrix} u & 0 \\ 0 & u \end{bmatrix}$ は任意の行列と交換可能なので

$$\begin{bmatrix} a_0 & 1 \\ b_0 & 0 \end{bmatrix} \begin{bmatrix} a_1 u_1 & 1 \\ b_1 u_1 & 0 \end{bmatrix} \begin{bmatrix} a_2 u_2 & 1 \\ b_2 u_2 u_1 & 0 \end{bmatrix} \cdots \begin{bmatrix} a_k u_k & 1 \\ b_k u_k u_{k-1} & 0 \end{bmatrix}$$

$$= \begin{bmatrix} a_0 & 1 \\ b_0 & 0 \end{bmatrix} \left\{ \begin{bmatrix} a_1 & 1 \\ b_1 & 0 \end{bmatrix} \begin{bmatrix} u_1 & 0 \\ 0 & 1 \end{bmatrix} \right\} \left\{ \begin{bmatrix} 1 & 0 \\ 0 & u_1 \end{bmatrix} \begin{bmatrix} a_2 & 1 \\ b_2 & 0 \end{bmatrix} \begin{bmatrix} u_2 & 0 \\ 0 & 1 \end{bmatrix} \right\}$$

$$\cdots \left\{ \begin{bmatrix} 1 & 0 \\ 0 & u_{k-1} \end{bmatrix} \begin{bmatrix} a_k & 1 \\ b_k & 0 \end{bmatrix} \begin{bmatrix} u_k & 0 \\ 0 & 1 \end{bmatrix} \right\}$$

$$= \begin{bmatrix} u_1 \cdots u_{k-1} & 0 \\ 0 & u_1 \cdots u_{k-1} \end{bmatrix} \begin{bmatrix} a_0 & 1 \\ b_0 & 0 \end{bmatrix} \begin{bmatrix} a_1 & 1 \\ b_1 & 0 \end{bmatrix} \cdots \begin{bmatrix} a_k & 1 \\ b_k & 0 \end{bmatrix} \begin{bmatrix} u_k & 0 \\ 0 & 1 \end{bmatrix}.$$

この $(1,1)$ 成分は $u_1 \cdots u_k p_k$ に等しく, $(2,1)$ 成分は $u_1 \cdots u_k q_k$ に等しい. □

また次の命題は系 3.14 の一般化である.

命題 15.5.

$$\frac{p_k}{q_k} - \frac{p_{k-1}}{q_{k-1}} = (-1)^{k-1} \frac{b_1 \cdots b_k}{q_k q_{k-1}}.$$

証明. 系 15.3 を使うと

$$\frac{p_k}{q_k} - \frac{p_{k-1}}{q_{k-1}} = \frac{p_k q_{k-1} - p_{k-1} q_k}{q_k q_{k-1}} = (-1)^{k+1} \frac{b_1 \cdots b_k}{q_k q_{k-1}}.$$

□

一般の無限連分数の収束性を示すために次の補題が必要である.

補題 15.6（**Leibnitz の判定法**）．交代級数

$$\sum_{i \geq 0} (-1)^i a_i = a_0 - a_1 + a_2 - \cdots$$

において,

$$a_i > 0, \quad a_{i+1} \leq a_i$$

が任意の $i \geq 0$ について成立していると仮定する．このとき $\lim_{i \to \infty} a_i = 0$ なら，この級数はある実数 s に収束し，$|s - s_n| \leq a_{n+1}$ が成り立つ．ここで s_n は部分和 $s_n = \sum_{i=0}^{n} (-1)^i a_i$ である．

証明. $a_{i+1} \leq a_i$ より,

$$s_{2k+1} = s_{2k-1} + a_{2k} - a_{2k+1} \geq s_{2k-1}, \quad s_{2k+2} = s_{2k} - a_{2k+1} + a_{2k+2} \leq s_{2k}.$$

また $s_{2k+1} = s_{2k} - a_{2k+1} < s_{2k}$. 以上をあわせて,

$$s_1 \leq s_3 \leq \cdots \leq s_4 \leq s_2 \leq s_0.$$

よって任意の k に対して, s_{n+k} は s_n と s_{n+1} の間にある.

$$|s_{n+k} - s_n| \leq |s_{n+1} - s_n| = a_{n+1} \to 0 \ (n \to \infty).$$

これから数列 (s_n) が Cauchy 列になることがわかる．したがって (s_n) は収束する. $\qquad\qquad\Box$

命題 15.7（**Euler**）．命題 15.2 と同じ記号の下で,

$$\frac{p_k}{q_k} = a_0 + \frac{b_1}{q_1} - \frac{b_1 b_2}{q_1 q_2} + \frac{b_1 b_2 b_3}{q_2 q_3} - \cdots + (-1)^{k-1} \frac{b_1 b_2 \cdots b_k}{q_{k-1} q_k}$$

が成り立つ．さらに a_i, b_i がすべて正の整数で，ある i_0 より大きい任意の i に対して

$$0 < b_i \leq a_i \tag{15.2}$$

が成り立つならば，$k \to \infty$ のとき，右辺の級数は収束し，無

限連分数 (15.1) に一致する．また，このとき無限連分数は無理
数である．

証明. 最初の式は

$$\frac{p_k}{q_k} = \left(\frac{p_k}{q_k} - \frac{p_{k-1}}{q_{k-1}}\right) + \left(\frac{p_{k-1}}{q_{k-1}} - \frac{p_{k-2}}{q_{k-2}}\right) + \cdots + \left(\frac{p_1}{q_1} - \frac{p_0}{q_0}\right) + \frac{p_0}{q_0}$$

と命題 15.5 からわかる．

収束を示すためには，必要なら第 i_0 項から始まる級数を考え
ることにより，最初からすべての i に対して，$0 < b_i \le a_i$ が成
立しているとしてよい．仮定から a_i, b_i がすべて正の整数なの
で，命題 15.2 から q_i もすべて正で，この級数は交代級数にな
る．さらに，$q_k = a_k q_{k-1} + b_k q_{k-2} > b_k q_{k-2}$ から

$$\frac{b_1 b_2 \cdots b_k}{q_{k-1} q_k} < \frac{b_1 b_2 \cdots b_k}{q_{k-1} b_k q_{k-2}} = \frac{b_1 b_2 \cdots b_{k-1}}{q_{k-1} q_{k-2}}.$$

また $0 < b_k \le a_k$ から

$$q_k q_{k-1} = (a_k q_{k-1} + b_k q_{k-2}) q_{k-1} > 2 b_k q_{k-1} q_{k-2}.$$

これを続けると，

$$q_k q_{k-1} > 2^{k-1} b_k b_{k-1} \cdots b_1.$$

すなわち

$$\frac{b_1 b_2 \cdots b_k}{q_{k-1} q_k} < \frac{1}{2^{k-1}} \to 0 \quad (k \to \infty).$$

よって Leibnitz の判定法から交代級数は収束する．

次に収束先が無理数であることを示そう．

$$\alpha = \cfrac{b_1}{a_1 + \cfrac{b_2}{a_2 + \cfrac{b_3}{\ddots}}} = \frac{b_1}{a_1 + \beta}$$

と書く．$b_1 \le a_1$ より $\alpha < 1$ が成り立つ．α が有理数になった
として，整数 A, B $(0 < B < A)$ を使って $\alpha = B/A$ と書ける

と仮定する．このとき

$$\beta = \frac{Ab_1 - a_1 B}{B}$$

により β は α より小さい分母をもつ有理数である．新たに $\beta = b_2/(a_2 + \gamma)$ と書いて同じ議論をすると，γ は β より小さい分母をもつ有理数になる．以下同様にいくらでも分母の小さい整数がえられることになり，矛盾が生じる． $\square$

補注 15.8. 命題 15.7 は条件 (15.2) を

$$2|b_i| \leq a_i$$

に置き換えても成り立つ．実際，$b_i > 0$ のときは問題がない．$b_i < 0$ ならば

$$a_{i-1} + \frac{b_i}{a_i + \beta} = (a_{i-1} - 1) + \cfrac{1}{1 + \cfrac{|b_i|}{a_i - |b_i| + \beta}}$$

とくりかえし変形すると，新しい a_i, b_i は整数になり，条件 (15.2) は，$a_i - 1 > 0$ かつ $|b_i| \leq a_i - |b_i|$ と同値になる．上で与えた条件から $a_i - 1 \geq 2|b_i| - 1 \geq 1$ により，これがしたがう．

Euler の連分数

Euler は無限級数，無限積について非常に関心が強く，その著書『無限解析序説』は無限に関する公式であふれている．無限級数，無限積の延長として，Euler はいろいろな関数の連分数展開に強い関心を抱いた．

一般連分数の近似分数は交代和で表される（命題 15.7）が，逆に収束する交代級数

$$\frac{1}{c_1} - \frac{1}{c_2} + \frac{1}{c_3} - \cdots$$

が与えられているときに，$a_0 = 0$ として，一般連分数 (15.1) を

$$\frac{p_k}{q_k} = \sum_{i=1}^{k} (-1)^{i-1} \frac{1}{c_i} \tag{15.3}$$

をみたすように決めることができるかを考える．

定理 **15.9**（**Euler**）．与えられた交代級数

$$\frac{1}{c_1} - \frac{1}{c_2} + \frac{1}{c_3} - \cdots$$

に対して，

$$b_1 = 1, \ a_1 = c_1, \ b_{k+1} = {c_k}^2, \ a_{k+1} = c_{k+1} - c_k \ (k \geq 1)$$

と数列 (a_k), (b_k) 定義すると，命題 15.1 によって定まる p_k, q_k に対して (15.3) がみたされる．したがって交代級数の連分数展開

$$\frac{1}{c_1} - \frac{1}{c_2} + \frac{1}{c_3} - \cdots = \cfrac{1}{c_1 + \cfrac{{c_1}^2}{c_2 - c_1 + \cfrac{{c_2}^2}{c_3 - c_2 + \cfrac{{c_3}^2}{\ddots}}}}$$

がえられる．

証明. まず $q_k = c_1 c_2 \cdots c_k$ が成り立つことを k に関する帰納法で示す．$q_0 = 1$ であったから

$$q_1 = a_1 = c_1,$$
$$q_2 = a_2 q_1 + b_2 q_0 = (c_2 - c_1)c_1 + {c_1}^2 = c_1 c_2$$

により $k = 1, 2$ のとき成り立つ．k のとき成立すると仮定すると，

$$q_{k+1} = a_{k+1} q_k + b_{k+1} q_{k-1}$$
$$= (c_{k+1} - c_k)c_1 \cdots c_k + {c_k}^2 c_1 \cdots c_{k-1} = c_1 \cdots c_{k+1}$$

により $k+1$ のときも成立する．これと命題 15.5 から

$$\frac{p_{k+1}}{q_{k+1}} - \frac{p_k}{q_k} = (-1)^k \frac{b_1 b_2 \cdots b_{k+1}}{q_k q_{k+1}}$$
$$= (-1)^k \frac{{c_1}^2 \cdots {c_k}^2}{(c_1 \cdots c_k)(c_1 \cdots c_k c_{k+1})} = (-1)^k \frac{1}{c_{k+1}}.$$

したがって

$$\frac{p_{k+1}}{q_{k+1}} = \frac{p_k}{q_k} + (-1)^k \frac{1}{c_{k+1}}$$

から (15.3) が導かれる. □

この定理を一般の交代級数に使いやすい形に変形する. 定理 15.9 で $c_k = d_k/x^k$ として, 交代級数

$$\sum_{n=1}^{\infty} \frac{(-1)^{n-1}}{d_n} x^n$$

を考えると, $b_1 = 1$, $a_1 = d_1/x$ から始まり $k \geq 1$ に対し,

$$b_{k+1} = \frac{d_k{}^2}{x^{2k}}, \quad a_{k+1} = \frac{d_{k+1}}{x^{k+1}} - \frac{d_k}{x^k}$$

となる. ここで命題 15.4 で $u_n = x^n$ ととって同値変換を行うと,

$$a_1 = d_1, \ b_1 = x, \ a_{k+1} = d_{k+1} - d_k x, \ b_{k+1} = d_k{}^2 x$$

となるので,

$$\sum_{n=1}^{\infty} \frac{(-1)^{n-1}}{d_n} x^n = \left[0; \frac{x}{d_1}, \frac{d_1{}^2 x}{d_2 - d_1 x}, \cdots\right] = \cfrac{x}{d_1 + \cfrac{d_1{}^2 x}{d_2 - d_1 x + \cfrac{d_2{}^2 x}{d_3 - d_2 x + \cfrac{d_3{}^2 x}{\ddots}}}}$$

がえられる.

いくつかの関数の連分数展開の例を見てみよう.

例 15.10. $d_n = n$ とすると, $-1 < x \leq 1$ で収束する連分数

$$\log(1+x) = \sum_{n=1}^{\infty} \frac{(-1)^{n+1}}{n} x^n = \cfrac{x}{1 + \cfrac{x}{2 - x + \cfrac{2^2 x}{3 - 2x + \cfrac{3^2 x}{\ddots}}}}$$

がえられ, $x = 1$ とすれば,

$$\log 2 = 1 - \frac{1}{2} + \frac{1}{3} - \cdots = \cfrac{1}{1 + \cfrac{1}{1 + \cfrac{4}{1 + \cfrac{9}{\ddots}}}}$$

となる.

例 15.11. $d_n = 2n - 1$ とすると, $|x| \leq 1$ で

$$\arctan x = \sum_{n=1}^{\infty} \frac{(-1)^{n+1}}{2n-1} x^{2n-1} = \cfrac{x}{1 + \cfrac{x^2}{3 - x^2 + \cfrac{3^2 x^2}{5 - 3x^2 + \cfrac{5^2 x^2}{7 - 5x^2 + \ddots}}}}.$$

$x = 1$ とすると

$$\frac{\pi}{4} = \arctan 1 = 1 - \frac{1}{3} + \frac{1}{5} - \cdots = \cfrac{1}{1 + \cfrac{1}{2 + \cfrac{9}{2 + \cfrac{25}{\ddots}}}}$$

がえられる. これは Brouncker の公式とよばれる.

問 **15.1**

$$\frac{1}{c_1} - \frac{1}{c_1 c_2} + \frac{1}{c_1 c_2 c_3} - \cdots = \cfrac{1}{c_1 + \cfrac{c_1}{c_2 - 1 + \cfrac{c_2}{c_3 - 1 + \ddots}}}$$

を示せ.

16 ▷ Gauss の超幾何関数と連分数

この節では Gauss の超幾何関数とその仲間たちから生ずる連分数を扱う. Euler の連分数展開が, すばらしく技巧的なのに比べて, Gauss の連分数はきわめて豊かで奥が深い. その壮大な超幾何関数の世界で連分数はその一隅をしめるにすぎない.

これらの連分数展開は次の形式的な命題に基づいて求められる.

命題 16.1. 関数列 $(f_i(x))$ は

$$c_i f_{i-1} = a_i f_i + b_{i+1} x f_{i+1} \quad (i \geq 1) \tag{16.1}$$

をみたすとする. ここで a_i, b_i, c_i は変数 x を含まない定数とする. このとき,

$$\frac{f_1}{f_0} = \left[0; \frac{c_1}{a_1}, \frac{b_2 c_2 x}{a_2}, \frac{b_3 c_3 x}{a_3}, \dots \right]$$

が成り立つ.

証明. $g_i = f_i / f_{i-1}$ とすると, (16.1) から

$$g_i = \frac{1}{\dfrac{f_{i-1}}{f_i}} = \frac{c_i}{a_i + b_{i+1} x g_{i+1}}.$$

これを繰り返し使うと,

$$\frac{f_1}{f_0} = \frac{c_1}{a_1 + b_2 x g_2} = \cfrac{c_1}{a_1 + \cfrac{c_2 b_2 x}{a_2 + b_3 x g_3}} = \cfrac{c_1}{a_1 + \cfrac{c_2 b_2 x}{a_2 + \cfrac{c_3 b_3 x}{a_3 + b_4 x g_4}}} = \cdots$$

となり命題の連分数がえられる[50].

定義 16.2. 実数 a に対して

$$(a)_n = a(a+1)\cdots(a+n-1)$$

を a の n **上昇階乗**といい, 左辺の記号を **Pochhammer 記号**という. ただし $(a)_0 = 1$ とする.

$a > 0$ に対して**ガンマ関数**は

$$\Gamma(a) = \int_0^\infty t^{a-1}e^{-t}dt$$

で定義される.

関数等式 $\Gamma(a+1) = a\Gamma(a)$ を使うことにより, ガンマ関数は解析接続され, $n \geq 1$ に対して,

$$(a)_n = \frac{\Gamma(a+n)}{\Gamma(a)}$$

が成り立つ.

定義 16.3. 実数 $a_1, \ldots, a_p, b_1, \ldots, b_q$ に対して,

$$_pF_q(a_1, \ldots, a_p; b_1, \ldots, b_q; x) = \sum_{n=0}^\infty \frac{(a_1)_n \cdots (a_p)_n}{(b_1)_n \cdots (b_q)_n}\frac{x^n}{n!}$$

を**超幾何級数**という[51].

定義 16.4. (i)

$$_2F_1(a, b; c; x) = \sum_{n=0}^\infty \frac{(a)_n(b)_n}{(c)_n}\frac{x^n}{n!}$$

を **Gauss の超幾何級数**とよぶ. この級数は $|x| < 1$ で絶対収束することが知られている.

(ii)

$$_1F_1(a; b; x) = \sum_{n=0}^\infty \frac{(a)_n}{(b)_n}\frac{x^n}{n!}$$

を**合流型超幾何関数**とよぶ. この級数は任意の x に対して絶対収束することが知られている.

50) こうしてえられた連分数の関数としての収束については, 本書では議論はしないが, 十分な注意が必要である.

51) 分母にくるパラメータ b_i が負の整数になると, この級数は明らかに定義できない. 以降, 分母が 0 にならないように変数, パラメータを選ぶことを暗黙の了解とする.

(iii) $\nu > -1$ に対して,

$$J_\nu(x) = \sum_{n=0}^{\infty} \frac{(-1)^n}{n! \, \Gamma(\nu + n + 1)} \left(\frac{x}{2}\right)^{\nu + 2m}$$

をベッセル関数とよぶ. この級数は任意の x に対して絶対収束することが知られている. またベッセル関数は合流型超幾何級数を使って

$$J_\nu(x) = \frac{e^{\sqrt{-1}x}}{\Gamma(\nu+1)} \left(\frac{x}{2}\right) {}_1F_1\left(\nu + \frac{1}{2}; 2\nu + 1; 2\sqrt{-1}x\right)$$

とも表せる.

これらの関数はすべて

$$y'' + p(x)y' + q(x)y = 0$$

の形の 2 階線形常微分方程式の解になっている. Gauss の超幾何級数もその解として複素数平面全体に解析接続される. この解析接続された関数を **Gauss の超幾何関数**とよぶ.

超幾何関数については非常に豊かな古典的, 現代的理論があって, とてもここでは解説しきれない. 例えば [5] を参照せよ. ここでは連分数に関連する事柄だけにしぼって話を進める.

まず大切なのは, これらの関数のパラメータを特別なものにとることによって, 多くの初等関数がえられることである.

命題 16.5. (i) ${}_2F_1(a, 1; 1; x) = (1 - x)^{-a}$

(ii) $x \, {}_2F_1(1, 1; 2; -x) = \log(1 + x)$

(iii) $x \, {}_2F_1\left(\frac{1}{2}, 1; \frac{3}{2}; x^2\right) = \frac{1}{2} \log \frac{1 + x}{1 - x}$

(iv) $x \, {}_2F_1\left(\frac{1}{2}, 1; \frac{3}{2}; -x^2\right) = \arctan x$

(v) $x \, {}_2F_1\left(\frac{1}{2}, \frac{1}{2}; \frac{3}{2}; -x^2\right) = \arcsin x$

(vi) ${}_1F_1(1; 1; x) = e^x$

(vii) $J_{\frac{1}{2}}(x) = \sqrt{\dfrac{2}{\pi}} x^{-\frac{1}{2}} \sin x$

(viii) $J_{-\frac{1}{2}}(x) = \sqrt{\dfrac{2}{\pi}} x^{-\frac{1}{2}} \cos x$

次に，定義 16.4 の関数に対して，パラメータを ±1 ずらした
ものの間に**隣接関係式**とよばれる 3 項関係式が成り立つことが
連分数を構成するために重要である．

まず簡単なベッセル関数からはじめよう．

命題 16.6. $x \neq 0$ と $\nu > 0$ に対して

$$J_{\nu-1}(x) + J_{\nu+1}(x) = \nu \frac{2}{x} J_\nu(x)$$

が成り立つ．

証明. 両辺の $\left(\dfrac{x}{2}\right)^{2n+\nu+1}$ の係数を比較すると

右辺の係数 $= \nu \dfrac{(-1)^{n+1}}{(n+1)!\,\Gamma(\nu+n+2)}$

左辺の係数 $= \dfrac{(-1)^{n+1}}{(n+1)!\,\Gamma(\nu+n+1)} + \dfrac{(-1)^n}{n!\,\Gamma(\nu+n+2)}$

$= (-1)^{n+1} \left(\dfrac{\nu+n+1}{(n+1)!\,\Gamma(\nu+n+2)} - \dfrac{1}{n!\,\Gamma(\nu+n+2)} \right)$

$= (-1)^{n+1} \dfrac{\nu}{(n+1)!\,\Gamma(\nu+n+2)}.$

ここで，関数等式 $\Gamma(\nu+1) = \nu\Gamma(\nu)$ を使った． $\qquad\square$

命題 16.1 で $f_i(x) = J_{i+\nu}(x)$, $a_i = 2(i+\nu)$, $b_i = -1$, $c_i = x$
ととると，次の連分数展開をえる．

命題 16.7.

$$\frac{J_{\nu+1}(x)}{J_\nu(x)} = \left[0; \frac{x}{2(1+\nu)}, \frac{-x^2}{2(2+\nu)}, \frac{-x^2}{2(3+\nu)}, \cdots \right]$$

$$= \cfrac{x}{2(1+\nu) - \cfrac{x^2}{2(2+\nu) - \cfrac{x^2}{2(3+\nu) - \cfrac{x^2}{\ddots}}}}.$$

特に $\nu = -\dfrac{1}{2}$ とすると，命題 16.5 (vii) (viii) から次の $\tan x$ の連分数展開がえられる.

系 16.8（Lambert）.

$$\tan x = \cfrac{x}{1 - \cfrac{x^2}{3 - \cfrac{x^2}{5 - \cfrac{x^2}{\ddots}}}}.$$

系 16.9. x が 0 でない有理数なら $\tan x$ は無理数である.

証明. 系 16.8 において $x = \frac{m}{n}$ とし，$a_i \to n a_i$ という同値変換をすると，

$$\tan \frac{m}{n} = \cfrac{m/n}{1 - \cfrac{m^2/n^2}{3 - \cfrac{m^2/n^2}{5 - \cfrac{m^2/n^2}{\ddots}}}} = \cfrac{m}{n - \cfrac{m^2}{3n - \cfrac{m^2}{5n - \cfrac{m^2}{\ddots}}}}.$$

これは命題 15.7 の条件をみたすので無理数に収束する. □

系 16.10. y が有理数なら $\arctan y$ は無理数である. 特に $\pi = 4 \arctan 1$ は無理数である.

証明. $x = \arctan y$ が有理数ならば，前の系から $y = \tan x$ が無理数となって矛盾が生じる. □

　この $\tan x$ の連分数展開を使う証明は，史上初の π の無理数性の証明であった (Lambert, 1761).

　次に合流型超幾何関数の隣接関係式をみる.

命題 16.11. 次の関係式が成立する.

$$(b-1)\,{}_1F_1(a;b-1;x) = (b-1)\,{}_1F_1(a+1;b;x)$$
$$+ \frac{(a-b+1)x}{b}\,{}_1F_1(a+1;b+1;x) \quad (16.2)$$
$$(b-1)\,{}_1F_1(a;b-1;x) = (b-1)\,{}_1F_1(a;b;x)$$
$$+ \frac{ax}{b}\,{}_1F_1(a+1;b+1;x) \quad (16.3)$$

証明. いずれの等式も両辺の $\dfrac{x^n}{n!}$ の係数を比較することで証明
できる.

(16.2) の右辺の係数 $= \dfrac{(b-1)(a+1)_n}{n!(b)_n} + \dfrac{(a-b+1)(a+1)_{n-1}}{(n-1)!\,b(b+1)_{n-1}}$

$\qquad = \dfrac{(b-1)^2(a)_n(a+n)}{n!\,a(b-1)_n(b+n-1)} + \dfrac{(a-b+1)(a)_n(b-1)}{a(n-1)!\,(b-1)_n(b+n-1)}$

$\qquad = \dfrac{(a)_n(b-1)\,((b-1)(a+n)+n(a-b+1))}{n!\,a(b-1)_n(b+n-1)}$

$\qquad = \dfrac{(a)_n(b-1)}{n!(b-1)_n}$

$\qquad = $ (16.2) の左辺の係数.

また

(16.3) の右辺の係数 $= \dfrac{(b-1)(a)_n}{n!(b)_n} + \dfrac{a(a+1)_{n-1}}{b(n-1)!(b+1)_{n-1}}$

$\qquad = \dfrac{(b-1)^2(a)_n}{n!(b-1)_n(b+n-1)} + \dfrac{n(a)_n(b-1)}{n!(b-1)_n(b+n-1)}$

$\qquad = \dfrac{(b-1)(a)_n(b-1+n)}{n!(b-1)_n(b+n-1)}$

$\qquad = $ (16.3) の左辺の係数.

$\hfill\square$

$f_i(z) = {}_1F_1\left(a+\left\lceil\dfrac{i}{2}\right\rceil ; b+i ; x\right)$ に対し, (16.2) を $i=2j$
のときに書くと,

$$(b+2j-1)\,{}_1F_1(a+j-1;b+2j-1;x)$$
$$= (b+2j-1)\,{}_1F_1(a+j;b+2j;x)$$
$$+ \frac{a-b-j}{b+2j}x\,{}_1F_1(a+j;b+2j+1;x).$$

また (16.3) を $i = 2j - 1$ のときに書くと，

$$(b + 2j - 2)_1F_1(a + j - 1; b + 2j - 2; x)$$
$$= (b + 2j - 2)_1F_1(a + j - 1, b + 2j - 1; x)$$
$$+ \frac{a + j - 1}{b + 2j - 1}{}_1F_1(a + j; b + 2j; x).$$

命題 16.1 において

$$a_i = c_i = b + i - 1, \quad b_i = \begin{cases} \frac{a+j-1}{b+i-1} & (i = 2j \text{ のとき}) \\ \frac{a-b-j}{b+i-1} & (i = 2j + 1 \text{ のとき}) \end{cases},$$

$$b_i c_i = \begin{cases} a + j - 1 & (i = 2j \text{ のとき}) \\ a - b - j & (i = 2j + 1 \text{ のとき}) \end{cases}$$

とおくと，次の連分数展開をえる．

命題 16.12.

(i)

$$\frac{f_1}{f_0} = \frac{{}_1F_1(a; b + 1; x)}{{}_1F_1(a; b; x)}$$
$$= \left[0; \frac{b}{b}, \frac{ax}{b+1}, \frac{(a-b-1)x}{b+2}, \frac{(a+1)x}{b+3}, \frac{(a-b-2)x}{b+4}, \cdots \right]$$

$$= \cfrac{b}{b + \cfrac{ax}{b + 1 + \cfrac{(a-b-1)x}{b + 2 + \cfrac{(a+1)x}{b + 3 + \cfrac{(a-b-2)x}{\ddots}}}}}$$

(ii)

$$\frac{f_2}{f_1} = \frac{{}_1F_1(a + 1; b + 2; x)}{{}_1F_1(a; b + 1; x)}$$
$$= \left[0; \frac{b+1}{b+1}, \frac{(a-b-1)x}{b+2}, \frac{(a+1)x}{b+3}, \frac{(a-b-2)x}{b+4}, \cdots \right]$$

$$= \cfrac{b+1}{b+1+\cfrac{(a-b-1)x}{b+2+\cfrac{(a+1)x}{b+3+\cfrac{(a-b-2)x}{\ddots}}}}.$$

2番目の式で $a = 0$ とおくと，$_1F_1(0; b+1; x) = 1$ で，さらに $b+2$ を b で置き換えると，

$$_1F_1(1; b; x) = \left[0; \frac{b-1}{b-1}, \frac{(-b+1)x}{b}, \frac{x}{b+1}, \frac{-bx}{b+2}, \frac{2x}{b+3},\right.$$
$$\left.\cdots, \frac{(-b-j+2)x}{b+2j-2}, \frac{jx}{b+2j-1}, \cdots\right].$$

さらに

$$a_1 \to \frac{1}{b-1}, \quad b_1 \to \frac{1}{b-1}$$

と同値変換すると，次の系がえられる.

系 16.13.

$$_1F_1(1; b; x) = \left[0; \frac{1}{1}, \frac{-x}{b}, \frac{x}{b+1}, \frac{-bx}{b+2}, \frac{2x}{b+3},\right.$$
$$\left.\cdots, \frac{(-b-j+2)x}{b+2j-2}, \frac{jx}{b+2j-1}, \cdots\right].$$

命題 16.5 (vi) から次の指数関数の連分数展開がえられる.

系 16.14.

$$e^x = {}_1F_1(1; 1; x) = \cfrac{1}{1+\cfrac{-x}{1+\cfrac{x}{2+\cfrac{-x}{3+\cfrac{2x}{\ddots}}}}}$$
$$= \left[0; \frac{1}{1}, \frac{-x}{1}, \frac{x}{2}, \frac{-x}{3}, \frac{2x}{4}, \cdots, \frac{(1-j)x}{2j-1}, \frac{jx}{2j}, \cdots\right].$$

また自然対数の底 e は正則連分数展開

$$e = [2; 1, 2, 1, 1, 4, 1, 1, 6, 1, 1, 8, \cdots]$$

をもつ. 特に e は無理数である.

証明. 前半は系 16.13 で $b=1$ とすればえられる. あとは e の正則連分数展開の式を示せばよい. e^1 の連分数展開に対応する行列は命題 15.2 から

$$\begin{bmatrix} 0 & 1 \\ 1 & 0 \end{bmatrix} \begin{bmatrix} 1 & 1 \\ 1 & 0 \end{bmatrix} \begin{bmatrix} 1 & 1 \\ -1 & 0 \end{bmatrix} \begin{bmatrix} 2 & 1 \\ 1 & 0 \end{bmatrix} \begin{bmatrix} 3 & 1 \\ -1 & 0 \end{bmatrix} = \begin{bmatrix} 8 & 3 \\ 3 & 1 \end{bmatrix}$$

で始まる. 一方, 正則連分数展開のはじめの 3 項は

$$\begin{bmatrix} 2 & 1 \\ 1 & 0 \end{bmatrix} \begin{bmatrix} 1 & 1 \\ 1 & 0 \end{bmatrix} \begin{bmatrix} 2 & 1 \\ 1 & 0 \end{bmatrix} = \begin{bmatrix} 8 & 3 \\ 3 & 1 \end{bmatrix}.$$

これは

$$2 + \cfrac{1}{1 + \cfrac{1}{2}} = \cfrac{1}{1 + \cfrac{-1}{1 + \cfrac{1}{2 + \cfrac{-1}{3}}}}$$

を示している. さらに,

$$\begin{aligned} \begin{bmatrix} 2j & 1 \\ j & 0 \end{bmatrix} \begin{bmatrix} 2j+1 & 1 \\ -j & 0 \end{bmatrix} &= \begin{bmatrix} j(4j+1) & 2j \\ j(2j+1) & j \end{bmatrix} = \begin{bmatrix} 4j+1 & 2 \\ 2j+1 & 1 \end{bmatrix} \begin{bmatrix} j & 0 \\ 0 & j \end{bmatrix} \\ &= \begin{bmatrix} 1 & 1 \\ 1 & 0 \end{bmatrix} \begin{bmatrix} 1 & 1 \\ 1 & 0 \end{bmatrix} \begin{bmatrix} 2j & 1 \\ 1 & 0 \end{bmatrix} \begin{bmatrix} j & 0 \\ 0 & j \end{bmatrix} \end{aligned}$$

により,

$$\cfrac{j}{2j + \cfrac{-j}{2j+1}} = \cfrac{1}{1 + \cfrac{1}{1 + \cfrac{1}{2j}}}$$

が成り立つ.

また, この e の連分数展開は循環しないので, e は 2 次無理

数でもないことも導かれる[52]．

52) の超越性について
は p.134 をみよ．

e がこのように規則性の高い正則連分数展開をもつのは驚き
である．この連分数展開を使った e の無理数性の証明は Euler
により 1737 年に発見されたものである．

ガウスの超幾何級数 $_2F_1$ についても以下の命題を同様な計算
で示すことができる．

命題 16.15.

$$(c-1)\,_2F_1(a,b;c-1;x) = (c-1)\,_2F_1(a+1,b;c;x) + \frac{(a-c+1)bx}{c}\,_2F_1(a+1,b+1;c+1;x)$$

が成り立つ．$_2F_1$ は a,b に関して対称であるから，

$$(c-1)\,_2F_1(a,b;c-1;x) = (c-1)\,_2F_1(a,b+1;c;x) + \frac{(b-c+1)ax}{c}\,_2F_1(a+1,b+1;c+1;x)$$

も成り立つ．

命題 16.1 で

$$f_i(x) = \,_2F_1\left(a + \left\lceil \frac{i}{2} \right\rceil, b + \left\lceil \frac{i-1}{2} \right\rceil ; c+i; x\right)$$

として，命題 16.15 の両式と比較すると，

$$a_i = c+i-1,\ c_i = c+i-1,$$

$$b_i = \begin{cases} \frac{(b+k-1)(a-c-k+1)}{c+2k-1} & (i = 2k \text{ のとき}) \\ \frac{(a+k)(b-c-k)}{c+2k} & (i = 2k+1 \text{ のとき}) \end{cases}$$

ととることになり，

$$b_i c_i = \begin{cases} (b+k-1)(a-c-k+1) & (i = 2k \text{ のとき}) \\ (a+k)(b-c-k) & (i = 2k+1 \text{ のとき}) \end{cases}$$

となるので，次の定理がえられる．

定理 16.16 （Gauss の連分数）.

$$\frac{f_1}{f_0} = \frac{_2F_1(a+1,b;c+1;x)}{_2F_1(a,b;c;x)}$$
$$= \left[0; \frac{c}{c}, \frac{(a-c)bx}{c+1}, \frac{(b-c-1)(a+1)x}{c+2}, \frac{(a-c-1)(b+1)x}{c+3}, \cdots, \right]$$

$$= \cfrac{c}{c + \cfrac{(a-c)bx}{c+1 + \cfrac{(b-c-1)(a+1)x}{c+2 + \cfrac{(a-c-1)(b+1)}{\ddots}}}}$$

が成り立つ.

さらに $a = 0$ として, $c+1$ を c で置き換えると,

系 16.17.

$$_2F_1(1,b;c;x) = \left[0; \frac{c-1}{c-1}, \frac{(1-c)bx}{c}, \frac{(b-c)x}{c+1}, \frac{-c(b+1)x}{c+2}, \frac{2(b-c-1)x}{c+3}, \cdots \right].$$

命題 16.5 の初等関数にこの系を適用することによって次のような連分数展開をえる.

例 16.18. (i) $\log(1+x) = \cfrac{x}{1 + \cfrac{x}{2 + \cfrac{x}{3 + \cfrac{4x}{4 + \cfrac{4x}{5 + \cfrac{9x}{\ddots}}}}}}$

(ii) $(1+x)^{-a} = \cfrac{1}{1 + \cfrac{ax}{1 + \cfrac{(2-a)x}{2 + \cfrac{2(a+1)x}{3 + \cfrac{2(3-a)x}{4 + \cfrac{3(a+2)x}{5 + \cfrac{3(4-a)x}{\ddots}}}}}}}$

問 16.1 $\arctan x$ の連分数展開を

$$\arctan x = \cfrac{x}{1 + \cfrac{d_1 x^2}{3 + \cfrac{d_2 x^2}{5 + \cfrac{d_3 x^2}{7 + \cfrac{d_4 x^2}{9 + \ddots}}}}}$$

とするとき，数列 (d_n) の一般項を求めよ．

　関数項を含む連分数は，この本で紹介してきた連分数の数論的理論とは別に，連分数の解析的理論として一分野をなしている．その理論は直交多項式，特殊関数論などと深く関係している．この方向の入門書としては [14] がある．

17 ▶ 虚の2次無理数の分類

　本書のテーマの1つは連分数を使って無理数を分類することであった．最後に，実ではない2次無理数がどのように分類されるかを考えてみることにする．ここで考えるのは虚の2次無理数，つまり $\mathbb{C} - \mathbb{R}$ の元で2次多項式

$$f(x) = ax^2 + bx + c \in \mathbb{Z}[x], \ (a,b,c) = 1, \ a > 0$$

の根になっている数 z である．z の判別式を以前と同じように $D(\alpha) = b^2 - 4ac$ と定めると，$z \notin \mathbb{R}$ だから $D(\alpha) < 0$ となる．これから $b^2 < 4ac$ がわかるので，$c > 0$ が成り立つ．

　2次無理数の集合を I_2，また判別式 D をもつ2次無理数の集合を，以前と同じように $I_2(D)$ で表す．補題 6.3 の証明が $D < 0$ の場合も成立し，整数 D がある2次無理数の判別式になるための必要十分条件は $D \equiv 0$ または $1 \pmod{4}$ がみたされることである．$I_2(D)$ の元は虚2次体 $\mathbb{Q}(\sqrt{D})$（補注 8.13）の部分集合になる．

　本論に入る前に複素数に関して簡単に復習しておく．複素数は 1 と $\sqrt{-1}$ の実数係数の1次結合として表される数の全体である．

$$\mathbb{C} = \{x + y\sqrt{-1} \mid x, y \in \mathbb{R}\}.$$

$\mathbb{C}$ は体になって複素数体とよばれるのであった．$z = x + y\sqrt{-1} \in \mathbb{C}$ の x を z の**実部**とよび $x = \mathrm{Re}\, z$ で表す．また y を z の**虚部**とよび $y = \mathrm{Im}\, z$ で表す．上の z に対して $\bar{z} = x - y\sqrt{-1}$ を z の**共役複素数**とよぶ．共役複素数をつくる操作は次の性質をもつ．$z, w \in \mathbb{C}$ とするとき，

- $\overline{\overline{z}} = z$
- $\overline{z+w} = \overline{z} + \overline{w}$
- $\overline{zw} = \overline{z}\,\overline{w}$

$|z| = \sqrt{z\overline{z}} = \sqrt{x^2 + y^2}$ を z の**絶対値**とよぶ. $|z|$ は正の実数である.

$A = \begin{bmatrix} a & b \\ c & d \end{bmatrix} \in \mathrm{GL}_2(\mathbb{Z})$ は $z \in \mathbb{C}$ に 1 次分数変換

$$Az = \frac{az+b}{cz+d}$$

で作用する. ここで

$$\mathscr{H} = \{z \in \mathbb{C} \mid \mathrm{Im}\, z > 0\}$$

とおく. $\mathscr{H}$ を**複素上半平面**とよぶ.

$$\begin{aligned}
\mathrm{Im}(Az) = \mathrm{Im}\frac{az+b}{cz+d} &= \mathrm{Im}\frac{(az+b)(c\overline{z}+d)}{|cz+d|^2} \\
&= |cz+d|^{-2}\mathrm{Im}(adz + bc\overline{z}) \\
&= |cz+d|^{-2}\det A \cdot \mathrm{Im}\, z \qquad (17.1)
\end{aligned}$$

により, $z \in \mathscr{H}$ で $\det A = 1$ ならば $Az \in \mathscr{H}$ が成り立つ. つまりモジュラー群 $\mathrm{SL}_2(\mathbb{Z})$ は $\mathscr{H}$ に作用する. また $\det A = -1$ なら $z \in \mathscr{H}$ は下半平面に移る. したがって $\mathscr{H}$ に含まれる 2 次無理数を $\mathrm{SL}_2(\mathbb{Z})$ で分類すれば十分である.

さらに $z \in \mathscr{H} \cap I_2(D)$ であれば補題 6.8 の計算と同様にして, $Az \in I_2(D)$ が示される. したがって $\mathrm{SL}_2(\mathbb{Z})$ は $\mathscr{H} \cap I_2(D)$ に作用する. この作用で虚の無理数の同値関係を定義する.

定義 17.1. 判別式 D をもつ 2 つの虚の無理数 $z, w \in \mathscr{H}$ が**同値**であるとは $Az = w$ をみたす $A \in \mathrm{SL}_2(\mathbb{Z})$ が存在することである.

$\mathscr{H}$ の部分集合 $\mathscr{F}$ を次のように定義する.

$$\mathscr{F} = \left\{z \in \mathscr{H} \mid -\frac{1}{2} \leq \mathrm{Re}\, z < \frac{1}{2},\ |z| \geq 1, |z| = 1\ \text{ならば}\ -\frac{1}{2} \leq \mathrm{Re}\, z \leq 0\right\}$$

図で示すと, 下図の灰色の部分である (境界の右半分を除く).

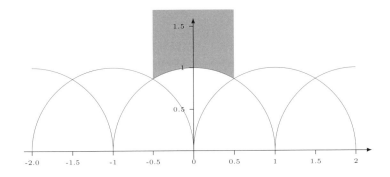

定理 17.2. (i) 任意の $z \in \mathscr{H} \cap I_2(D)$ はある $w \in \mathscr{F} \cap I_2(D)$ と同値である.

(ii) $\mathscr{F} \cap I_2(D)$ の異なる 2 元 z_1, z_2 は同値ではない.

$\mathscr{F}$ をモジュラー群 $\mathrm{SL}_2(\mathbb{Z})$ の**基本領域**とよぶ. $\mathscr{F}$ に属する 2 次無理数を**簡約 2 次無理数**とよぶ. 判別式 D の簡約 2 次無理数の全体を $R_2(D)$ と書く.

証明. この証明では $\mathrm{SL}_2(\mathbb{Z})$ の 2 つの元 S, T が重要な役割をはたす[53].

$$S = \begin{bmatrix} 1 & 1 \\ 0 & 1 \end{bmatrix}, \qquad T = \begin{bmatrix} 0 & -1 \\ 1 & 0 \end{bmatrix}.$$

それぞれが $z \in \mathscr{H}$ にどのように作用するかを見ておく. $Sz = (z+1)/1 = z+1$ だから S は実軸方向の平行移動として作用する. また $Tz = -1/z$ なので, $|z| \le 1$ であれば $|Tz| = 1/|z| \ge 1$ だから, 原点中心の単位円を単位円の外側に写す. また上半平面の単位円上の点を, 虚軸に関して対称な位置に写す. $\mathrm{Im}\,(Tz) = (\mathrm{Im}\,z)/|z|^2$ が成り立つ.

さてここで (i) の証明にもどろう. z を $\mathscr{H} \cap I_2(D)$ の任意の元とし,

$$f(x) = ax^2 + bx + c \in \mathbb{Z}[x], \ (a, b, c) = 1, \ a, c > 0 \quad (17.2)$$

の根とする. このとき z は

$$\mathrm{Re}\, z = \frac{-b}{2a}, \quad \mathrm{Im}\, z = \frac{\sqrt{|D|}}{2a}, \quad |z|^2 = \frac{c}{a} \qquad (17.3)$$

53) 実はこの S, T はモジュラー群の生成元である.

をみたす複素数である.

このzに対し, $z \in \mathscr{F}$ となるまで, 以下の操作を行う.

ステップ1 $-1/2 \leq \mathrm{Re}\, z - t < 1/2$ をみたす整数 t をとり, $S^{-t}z$ を新しい z とする.

ステップ2 $|z| = 1$ ならば z または Tz は $\mathscr{F}$ に入り, もとの z と同値になる.

ステップ3 $|z| < 1$ ならば Tz を新しい z としてステップ1に戻る.

ステップ1で $S^{-t}z$ は帯状領域 $-1/2 \leq \mathrm{Re}\,(S^{-t}z) < 1/2$ に入る. $|S^{-t}z| > 1$ となれば $S^{-t}z \in \mathscr{F}$ であるので証明することはない. $|S^{-t}z| \leq 1$ であれば, $S^{-t}z$ を新しい z をとる. この z が $|z| = 1$ をみたすとき, $-1/2 \leq \mathrm{Re}\, z \leq 0$ なら $z \in \mathscr{F}$. そうでないなら, ステップ2で Tz は実部の符号が反転し $Tz \in \mathscr{F}$ となる. $|z| < 1$ ならステップ3を行う. $1 > |z|^2 = c/a$ だから $c < a$ であるが, $|Tz|^2 = c/a$ となり, また Tz は $cx^2 - bx + a$ の根になる. したがってこのステップ3の $z \mapsto Tz$ で, 最高次係数はかならず1小さくなる. 最高次係数は正だから, この繰り返しは有限回で必ず終わり $z \in \mathscr{F}$ となる. これで定理の (i) の証明が終わった.

次に (ii) を証明する. $z_1, z_2 \in \mathscr{F}$ が

$$A = \begin{bmatrix} s & t \\ u & v \end{bmatrix} \in \mathrm{SL}_2(\mathbb{Z})$$

により同値であるとする. すなわち $z_2 = Az_1$ が成り立っているとする. ここで $\mathrm{Im}\, z_2 \geq \mathrm{Im}\, z_1$ と仮定しても一般性を失わない. このとき (17.1) により, $|uz_1 + v| \leq 1$. これから

$$|u|\mathrm{Im}\, z_1 = |\mathrm{Im}(uz_1)| = |\mathrm{Im}(uz_1 + v)| \leq |uz_1 + v| \leq 1$$

が成り立つ.

ここで $u = 0$ ならば, $\det A = 1$ と $|uz_1 + v| \leq 1$ から, $A = \pm \begin{bmatrix} 1 & t \\ 0 & 1 \end{bmatrix}$ なので, A または $-A$ は $S^{b'}$ の形になる. $z_1, z_2 \in \mathscr{F}$ なので, $|b'| \leq 1$ でなくてはならない. $b' = 0$ なら $z_1 = z_2$. また $|b'| = 1$ のときには, どちらかが $\mathscr{F}$ の境界

上にのることになり不可能である. したがって $u \neq 0$.

また $z_1 \in \mathscr{F}$ により, $\mathrm{Im}\, z_1 \geq \sqrt{3}/2$ であることを考え合わせると, $|u| \leq 2/\sqrt{3}$ がわかる. ここで $u \in \mathbb{Z}$ だから, $u = \pm 1$ でなくてはならない. このとき

$$|z_1 + v| \leq 1 \ \text{または} \ |z_1 - v| \leq 1$$

が成り立つ.

$v = 0$ の場合は上の不等式から $|z_1| = 1$ であって, $A = \begin{bmatrix} s & \mp 1 \\ \pm 1 & 0 \end{bmatrix} = \pm T S^{a'}$ の形である. $u \neq 0$ を示したときと同様の考察から $|a'| = 1$ がわかる. $a' = 0$ なら z_1 と z_2 は単位円の虚軸に関して対称の位置にあるので, z_1, z_2 の一方は $\mathscr{F}$ に入らない. $|a'| = 1$ なら, $z_1 = z_2 = \frac{\pm 1 + \sqrt{-3}}{2}$ となり z_1 と z_2 は一致する.

$v \neq 0$ の場合, $|v| \geq 1$ となる. このとき $z_1 \in \mathscr{F}$ であるから, $|\mathrm{Re}(z_1 \pm v)| > 1/2$. これから $|z_1 \pm v| > 1$ が導かれ, 上で示した不等式に矛盾する. $\qquad \square$

例 17.3. $z = \dfrac{833 + \sqrt{-35}}{144} \in I_2(-35)$ に同値な簡約 2 次無理数を求める. $-\frac{1}{2} \leq \frac{833}{144} - 5 < \frac{1}{2}$ だから, ステップ 1 で

$$z_1 = S^{-5} z = \begin{bmatrix} 1 & -5 \\ 0 & 1 \end{bmatrix} z = \frac{63 + \sqrt{-35}}{154}$$

となる. $|z_1| < 1$ なので, ステップ 3 で

$$z_2 = T z_1 = -\frac{1}{z} = \frac{-63 + \sqrt{-35}}{26}.$$

これを繰り返すと

$$z_3 = S^2 z_2 = \frac{-11 + \sqrt{-35}}{26},$$
$$z_4 = T z_3 = \frac{11 + \sqrt{-35}}{6} \in \mathscr{F}.$$

$\dfrac{11 + \sqrt{-35}}{6}$ が求める簡約 2 次無理数である.

問 17.1 $\dfrac{977 + \sqrt{-23}}{4602} \in I_2(-23)$ に同値な簡約 2 次無理数を求

めよ.

命題 17.4. $z \in I_2(D)$ が多項式 (17.2) の根である簡約 2 次無理数であるとすると,

$$|b| \leq a \leq \sqrt{\frac{|D|}{3}}$$

が成り立つ. 特に判別式 D の簡約 2 次無理数は有限個である.

証明. (17.3) と $\mathscr{F}$ の定義から, z が簡約 2 次無理数であることは

$$c \geq a \geq b > -a \ \text{または} \ c = a \geq b \geq 0 \tag{17.4}$$

であることと同値. このとき,

$$|D| = 4ac - b^2 \geq 4a^2 - a^2 = 3a^2$$

が成り立つ. $\qquad\qquad\qquad\qquad\qquad\qquad\qquad\qquad \square$

以上の議論をまとめると, $D < 0$ の場合, $I_2(D) \cap \mathscr{H}$ を $\mathrm{SL}_2(\mathbb{Z})$ の作用で, 同値類別すると,

$$I_2(D) \cap \mathscr{H} = H_1 \sqcup H_2 \sqcup \cdots$$

のように同値類分解されるが, 各 H_i の代表元として簡約 2 次無理数がとれ (定理 17.2 (i)), しかもその簡約 2 次無理数は各同値類に 1 つだけ存在する (定理 17.2 (ii)). そして判別式 D の簡約 2 次無理数は有限個だから (命題 17.4), $I_2(D) \cap \mathscr{H}$ は

$$I_2(D) \cap \mathscr{H} = H_1 \sqcup H_2 \sqcup \cdots \sqcup H_h$$

のように有限個の同値類に分解される. **類数** $h = h(D)$ は判別式が D の簡約 2 次無理数の個数に等しい.

実 2 次無理数の場合, 同じ同値類に複数の簡約 2 次無理数が入っている可能性があったことを考えると, 虚の 2 次無理数の分類の方が簡単になっているといえる.

例 17.5. $D = -23$ のときに簡約 2 次無理数をすべて求めることにより, 類数 $h(-23)$ を求めてみよう. 簡約 2 次無理数が

(17.2) の根であるとすると，命題 17.4 から

$$|b| \leq a \leq \sqrt{\frac{23}{3}} = 2.76\ldots.$$

したがって，$a \in \{1, 2\}$, $b \in \{-2, -1, 0, 1, 2\}$ の可能性がある．このとき $c = (b^2 + 23)/4a$ が整数になる組み合わせは

$$(a, b, c) = (1, -1, 6), (2, -1, 3), (1, 1, 6), (2, 1, 3)$$

である．このうち $(1, -1, 6)$ は (17.4) をみたさないので，簡約 2 次無理数を与えない．実際，対応する 2 次無理数 $\frac{1+\sqrt{-23}}{2}$ は簡約 2 次無理数ではなく $(1, 1, 6)$ に対応する簡約 2 次無理数 $\frac{-1+\sqrt{-23}}{2}$ に同値である．したがって

$$R_2(-23) = \left\{ \frac{1+\sqrt{-23}}{4}, \frac{-1+\sqrt{-23}}{2}, \frac{-1+\sqrt{-23}}{4} \right\}$$

となり，$h(-23) = |I_2(-23) \cap \mathscr{F}| = 3$ がわかる．

問 17.2 $R_2(-28)$ と $h(-28)$ を求めよ．

最後に虚の無理数の分類の応用として Fermat の 2 平方和定理（系 8.23）に別証明を与えよう．もう一度，定理を思い出しておく．

定理 17.6（Fermat の 2 平方和定理）． 奇素数 p について次は同値である．

(i) p は 2 つの平方数の和に等しい．

(ii) $p \equiv 1 \pmod{4}$.

(i) から (ii) を導くには初等的な議論ですむのであった．逆が問題である．前に第 7 節で証明したときには Fermat-Pell の方程式の理論を使った．

新しい証明のために次の命題を用意する．

命題 17.7. p を奇素数とするとき，次が成立する．

(i) **（Wilson の定理）** $(p-1)! \equiv -1 \pmod{p}$

(ii) （**第1補充則**）[54] 合同式 $x^2 \equiv -1 \pmod{p}$ が解をもつた
めの必要十分条件は $p \equiv 1 \pmod{1}$ である.

証明. $u = 1$ または -1 とする.

Fermat の小定理（命題 7.14）の証明と同様に a を p と互い
に素な数とし，集合 $S = \{a, 2a, \ldots, (p-1)a\}$ を考える. そこ
で証明したように，法 p でみると，これは $1, 2, \ldots, (p-1)$ の
並べ替えである. したがって S の中に u と法 p で等しいもの
がただ 1 つある. それを $a j_a$ とする. すなわち j_a は各 a に対
して $a j_a \equiv u \pmod{p}$ と $1 \leq j_a \leq p-1$ をみたす唯一の元で
ある[55].

a を $1, \ldots, p-1$ と動かしたとき，$a \equiv j_a \pmod{p}$ が成り
立つものが少なくとも 1 つある場合と，全くない場合に場合わ
けをする.

最初に，ある a に対して $a \equiv j_a \pmod{p}$ が成り立っている
ときを考える. $a j_a \equiv u \pmod{p}$ から，a は合同式

$$x^2 \equiv u \pmod{p} \tag{17.5}$$

の解になる. この合同式はもう 1 つの解 $p - a$ をもつ. 逆に
x' をこの (17.5) の解とすると，$x^2 \equiv u \equiv x'^2 \pmod{p}$ から
$(x - x')(x + x') \equiv 0 \pmod{p}$ となり，p は素数だから，$x' \equiv x$
または $x \equiv -x \pmod{p}$ とならなくてはならない. したがって，
今の場合 (17.5) の解は a と $p - a$ のみである. よって $b \not\equiv \pm a$
$\pmod{p}$ ならば，$b \not\equiv j_b \pmod{p}$ となっている. このような b は
$p-3$ 個あり，ペア (b, j_b) は $\frac{p-3}{2}$ 個ある. $a(p-a) \equiv -a^2 \equiv -u$
$\pmod{p}$ を使うと，

$$(p-1)! \equiv a \cdot (p-a) \prod_{b \neq a, p-a} b\, j_b \equiv -u \cdot u^{\frac{p-3}{2}} \equiv -u^{\frac{p-1}{2}} \pmod{p}. \tag{17.6}$$

ここで，上の積は $b \not\equiv \pm a \pmod{p}$ をみたすペア (b, j_b) をわ
たるものとする.

次に任意の a に対して $a \not\equiv j_a \pmod{p}$ であるときを考える.
(17.5) は解をもたず，$1, \ldots, p-1$ は $a j_a \equiv u \pmod{p}$ をみた
す $\frac{p-1}{2}$ 個のペア (a, j_a) にわけられる. したがって

[54] Gauss の相互律とい
う初等整数論の大定理の
特別な場合としてこの名
前がある.

[55] j_a は乗法群 $(\mathbb{Z}/p\mathbb{Z})^\times$
の中で $u a^{-1}$ に等しい.

$$(p-1)! \equiv \prod_a a j_a \equiv u^{\frac{p-1}{2}} \pmod{p}. \tag{17.7}$$

さて $u = 1$ のときを考えると，$a = 1$ が $a j_a \equiv a^2 \equiv u$ $\pmod{p}$ をみたすので，最初の場合が成立し，(17.6) から Wilson の定理

$$(p-1)! \equiv -1 \pmod{p}$$

がえられる．

次に $u = -1$ とすると最初の場合が起きるのは Wilson の定理と (17.6) から $(-1)^{\frac{p-1}{2}} \equiv 1 \pmod{p}$ のとき，すなわち $p \equiv 1 \pmod{4}$ のときであり，このとき (17.5) から $x^2 \equiv -1$ $\pmod{p}$ は解をもつ．二番目の場合が起きるのは Wilson の定理と (17.7) から $(-1)^{\frac{p-1}{2}} \equiv -1 \pmod{p}$ のとき，すなわち $p \equiv 3 \pmod{4}$ のときであり，このとき $x^2 \equiv -1 \pmod{p}$ は解をもたない． $\square$

いよいよ Fermat の 2 平方和定理の証明に移ろう．

定理 17.6 の証明. (ii) を仮定して (i) を示すことが残っていた．$p \equiv 1 \pmod{4}$ とする．命題 17.7 (ii) から $n^2 \equiv -1 \pmod{p}$ をみたす $n \in \mathbb{Z}$ が存在する．そこで

$$px^2 + 2nx + \frac{n^2+1}{p} \in \mathbb{Z}[x] \tag{17.8}$$

の根である 2 次無理数 z を考える．判別式を計算すると $z \in I_2(-4)$ がわかる．命題 17.4 によって，$I_2(-4)$ に属する簡約 2 次無理数が $\sqrt{-1}$ だけであることが示される．したがって z と $\sqrt{-1}$ は同値である．これにより $z = P\sqrt{-1}$ をみたす $P = \begin{bmatrix} s & t \\ u & v \end{bmatrix} \in \mathrm{SL}_2(\mathbb{Z})$ がある．$\sqrt{-1}$ は $x^2 + 1$ の根である．一方，Pz を根にもつ多項式は命題 6.9 で与えられ，その x^2 の係数は $u^2 + v^2$ となる．これと (17.8) を比べると $p = u^2 + v^2$ となり，p が 2 つの平方数の和で表されることがわかる． $\square$

定理の証明から p を 2 つの平方数の和に書く方法もわかる．$n^2 \equiv -1 \pmod{p}$ をみたす n をとり (17.8) をみたす 2 次無理数を $\sqrt{-1}$ に簡約化する行列を求めればよい．

実と虚のふたつの世界から，同じ定理が証明されるのはなか
なかおもしろい.

A ▶ 行列の基礎知識

この補遺は行列の知識のない読者のために，本書の理解に最低限必要な行列の基礎知識を与えることを目的とする．また線形代数学を勉強したことがある人にとっても，本書で主に使われる整数を成分とする行列に特有なこともあるので，わからないことがあったら，ざっと目を通してみるとよい[56]．

行列の定義

整数 a, b, c, d を角括弧で括ったもの**行列**という．

$$\begin{bmatrix} a & b \\ c & d \end{bmatrix}.$$

このような行列全体を $M_2(\mathbb{Z})$ で表すことにする．行列を大文字のアルファベット $A, B, C, \ldots$ などで表すことにする．$A = \begin{bmatrix} a & b \\ c & d \end{bmatrix}$ とするとき，a, b の並びを第 1 行，c, d の並びを第 2 行という．また a, c の並びを第 1 列，b, d の並びを第 2 列という．a, b, c, d を A の**成分**といい，（行番号，列番号）をつけてよぶ．すなわち a を A の $(1,1)$ 成分，b を $(1,2)$ 成分，c を $(2,1)$ 成分，d を $(2,2)$ 成分という．

上の A に対して右下がりの対角線に関して折り返した行列

$$\begin{bmatrix} a & c \\ b & d \end{bmatrix}$$

を A の**転置行列**といい，${}^tA$ で表す．${}^t({}^tA) = A$ が成り立つことは明らかであろう．

また ${}^tA = A$ をみたす行列を**対称行列**という．

56) 行列，ベクトル，線形写像などの一般的な線形代数学の内容については拙著 [4] を参照してほしい．

行列の演算

2つの行列

$$A = \begin{bmatrix} a & b \\ c & d \end{bmatrix}, \quad B = \begin{bmatrix} a' & b' \\ c' & d' \end{bmatrix}$$

に対して，和と差は

$$A + B = \begin{bmatrix} a+a' & b+b' \\ c+c' & d+d' \end{bmatrix}, \quad A - B = \begin{bmatrix} a-a' & b-b' \\ c-c' & d-d' \end{bmatrix}$$

で定義される．零行列

$$O = \begin{bmatrix} 0 & 0 \\ 0 & 0 \end{bmatrix}$$

は数 0 のような働きをする行列である．

$$A + O = O + A = A.$$

積の定義は注意して覚える必要がある．

$$AB = \begin{bmatrix} a & b \\ c & d \end{bmatrix} \begin{bmatrix} a' & b' \\ c' & d' \end{bmatrix} = \begin{bmatrix} aa'+bc' & ab'+bd' \\ ca'+dc' & cb'+dd' \end{bmatrix}.$$

また積の交換法則 $AB = BA$ は一般に成り立たないので注意が必要である（問題 A.1）．

$$E = \begin{bmatrix} 1 & 0 \\ 0 & 1 \end{bmatrix}$$

を**単位行列**という．E は数 1 のような役割をする．すなわち任意の $A \in M_2(\mathbb{Z})$ に対して

$$AE = EA = A$$

が成り立つ．

この和と積で $M_2(\mathbb{Z})$ は環になる．**2 次全行列環**とよばれる．この環が，第 1 章で出てきた数のなす環と大きく違うのは

● 積の交換法則が一般には成り立たないこと

- $AB = O$ でも $A = O$ または $B = O$ とは必ずしもいえない こと

の二点である.

問 A.1

(i) $A = \begin{bmatrix} 0 & 1 \\ 1 & 0 \end{bmatrix}$ と $B = \begin{bmatrix} 3 & 0 \\ 0 & 2 \end{bmatrix}$ に対して AB および BA を計算せよ.

(ii) $A = \begin{bmatrix} 0 & 1 \\ 0 & 0 \end{bmatrix}$ と $B = \begin{bmatrix} 1 & 0 \\ 0 & 0 \end{bmatrix}$ に対して AB および BA を計算せよ.

問 A.2 $A, B \in M_2(\mathbb{Z})$ とするとき,

$$^t(AB) = (^tB)(^tA)$$

を示せ.

定義 A.1. 行列 $A \in M_2(\mathbb{Z})$ に対して $AB = BA = E$ をみたす行列 B が存在するとき, A を**正則行列**であるといい, B を A の**逆行列**という.

$$A = \begin{bmatrix} a & b \\ c & d \end{bmatrix}, \quad B = \begin{bmatrix} a' & b' \\ c' & d' \end{bmatrix}$$

として, A が正則になって, B が A の逆行列になる条件を求めてみよう. 積の定義から, $AB = E$ は

$$aa' + bc' = 1 \tag{1.1}$$

$$ab' + bd' = 0 \tag{1.2}$$

$$ca' + dc' = 0 \tag{1.3}$$

$$cb' + dd' = 1 \tag{1.4}$$

と同値. $(1.1) \times d$ から $(1.3) \times b$ の両辺を引き算して

$$a'(ad - bc) = d.$$

$(1.4) \times a$ から $(1.2) \times c$ の両辺を引き算して

$$d'(ad - bc) = a.$$

同様に $(1.1) \times c$ から $(1.3) \times a$ の引き算から

$$(-c')(ad - bc) = c.$$

同様に $(1.1) \times c$ から $(1.3) \times a$ の引き算から

$$(-b')(ad - bc) = b.$$

$B \in M_2(\mathbb{Z})$ になるためには, $ad - bc = \pm 1$ が必要で, このとき,

$$B = \frac{1}{ad - bc} \begin{bmatrix} d & -b \\ -c & a \end{bmatrix} = (ad - bc) \begin{bmatrix} d & -b \\ -c & a \end{bmatrix}$$

で $AB = E$. また $BA = E$ も確かめられるので次の命題がえられた.

命題 A.2. $A = \begin{bmatrix} a & b \\ c & d \end{bmatrix} \in M_2(\mathbb{Z})$ が逆行列をもつための必要十分条件は $ad - bc = \pm 1$ が成り立つことである. これが成り立つとき A の逆行列は

$$(ad - bc) \begin{bmatrix} d & -b \\ -c & a \end{bmatrix}$$

で与えられる.

A の逆行列を A^{-1} で表す.

上の定理に現れる $ad - bc$ は大事な量なので名前がついている.

定義 A.3. $A = \begin{bmatrix} a & b \\ c & d \end{bmatrix}$ に対して $ad - bc$ を A の**行列式**という. A の行列式を $|A|$ や $\det A$ で表す.

$$\det A = ad - bc = \begin{vmatrix} a & b \\ c & d \end{vmatrix}.$$

行列式に関する次の 2 つ命題は本書でも度々使われる.

命題 A.4. $A, B \in M_2(\mathbb{Z})$ に対して,

$$|AB| = |A|\,|B|.$$

問 A.3 命題 A.4 を示せ.

問 A.4 $A \in M_2(\mathbb{Z})$ を正則行列とする. 次を示せ.

(i) $|{}^t A| = |A|$

(ii) $|A^{-1}| = |A|$

命題 A.5. 以下の式が成立する.

(i) $\begin{vmatrix} a+a' & b \\ c+c' & d \end{vmatrix} = \begin{vmatrix} a & b \\ c & d \end{vmatrix} + \begin{vmatrix} a' & b \\ c' & d \end{vmatrix}$

(ii) $\begin{vmatrix} a & b \\ c & d \end{vmatrix} = - \begin{vmatrix} b & a \\ d & c \end{vmatrix} = - \begin{vmatrix} c & d \\ a & b \end{vmatrix}$

この命題の証明は簡単なので省略する.

行列式とならんで大切なものにトレイスがある.

定義 A.6. $A = \begin{bmatrix} a & b \\ c & d \end{bmatrix}$ に対して, 対角成分の和 $a+d$ を A の**トレイス**とよび $\mathrm{Tr}\,A$ と表す.

トレイスについては次の命題が成り立つ. 証明はやさしいので省略する.

命題 A.7. $A, B \in M_2(\mathbb{Z})$ に対して,

(i) $\mathrm{Tr}(A+B) = \mathrm{Tr}\,A + \mathrm{Tr}\,B$

(ii) $\mathrm{Tr}(AB) = \mathrm{Tr}(BA)$

が成り立つ.

行列によるベクトルの変換

x, y を整数とするとき $\begin{bmatrix} x \\ y \end{bmatrix}$ を (整数) **ベクトル**とよぶ. x を

このベクトルの第 1 成分, y を第 2 成分とよぶ. 整数ベクトル全体を $\mathbb{Z}^2$ で表す.

$A = \begin{bmatrix} a & b \\ c & d \end{bmatrix} \in M_2(\mathbb{Z})$ はベクトルに次のように変換する.

$$A \begin{bmatrix} x \\ y \end{bmatrix} = \begin{bmatrix} ax + by \\ cx + dy \end{bmatrix}.$$

この記法を使うと整数係数の連立 1 次方程式

$$\begin{cases} ax + by = e \\ cx + dy = f \end{cases} \tag{1.5}$$

は,

$$\begin{bmatrix} a & b \\ c & d \end{bmatrix} \begin{bmatrix} x \\ y \end{bmatrix} = \begin{bmatrix} e \\ f \end{bmatrix}$$

と表すことができる. 両辺を $\begin{bmatrix} d & -b \\ -c & a \end{bmatrix}$ で変換すると,

$$\begin{bmatrix} d & -b \\ -c & a \end{bmatrix} \begin{bmatrix} a & b \\ c & d \end{bmatrix} \begin{bmatrix} x \\ y \end{bmatrix} = \begin{bmatrix} d & -b \\ -c & a \end{bmatrix} \begin{bmatrix} e \\ f \end{bmatrix}.$$

したがって

$$(ad - bc) \begin{bmatrix} x \\ y \end{bmatrix} = \begin{bmatrix} de - bf \\ -ce + af \end{bmatrix}.$$

命題 A.8. $\det A \neq 0$ のとき, 連立一次方程式 (1.5) が整数解 (x, y) をもつための必要十分条件は

$$\det A \mid (de - bf) \text{ かつ } \det A \mid (-ec + af)$$

である. 特に $A \in \mathrm{GL}_2(\mathbb{Z})$ ならば (1.5) はつねに整数解をもつ.

参考文献

　本文中に直接引用しなかった本もあるが，下記の文献は執筆の際に参考にしたものである．著者の方々には感謝したい．

　連分数に関しては，[21] は古典的文献である．Springer から再版が出ていて，現在でも入手できる．日本語で読めるものには [10] や [13] がある．これらの内容は大部分は本書でも取り上げた．[15] は原典への言及があり読み応えがある．[16] には歴史的な事柄も含まれ，2 次体論全般への詳細な入門書になっている．近著 [17] には最新の話題も含まれていておもしろい．

　2 次体のイデアル論，2 元 2 次形式の理論は連分数の理論と密接な関係があり，本来同時に扱うのが好ましいのかもしれない．そのような本には [10] や [8] がある．より新しい本として先にあげた [16] がある．また [18] は誤植が多いのが気になるが，2 元 2 次形式に関してのすぐれた入門書である．

[1] 青木昇，『素数と 2 次体の整数論』，共立出版，2012.

[2] 小野孝，『数論序説』，裳華房，1987.

[3] 河田敬義，『数論 I』，岩波講座基礎数学，岩波書店，1978.

[4] 木田雅成，『線形代数学講義』，培風館，2013.

[5] 木村弘信，『超幾何関数入門』，サイエンス社，2007.

[6] 木村俊一，『連分数のふしぎ』，講談社ブルーバックス，2012.

[7] クランドール，ポメランス (和田秀男監訳)，『素数全書』，朝倉書店，2010.

[8] ザギヤー，『数論入門』，岩波書店，1990.

[9] 塩川宇賢，『無理数と超越数』，森北出版，1999.

[10] 高木貞治，『初等整数論講義』，共立出版，1971.

[11] D. Duverney（塩川宇賢訳)，『数論 -講義と演習-』，森北出版，2006.

[12] ハイラー，ヴァンナー (蟹江幸博訳)，『解析教程 (上)』，シュプリンガー・ジャパン，1997.

[13] ハーディ，ライト (示野信一他訳)，『数論入門 1』，シュプリンガー・フェアラーク東京，2001.

[14] 一松信，『特殊関数入門』，森北出版，1999.

[15] 藤原松三郎，『代数学 第 1 巻』(改訂新編)，内田老鶴圃，2019.

[16] 本橋洋一，『整数論基礎講義』，朝倉書店，2018.

[17] J. Borwein, A. J. van der Poorten, J. Shallit, W. Zudilin, *Neverending fractions, An introduction to continued fractions*, Australian Mathematical Society Lecture Series, 23. Cambridge University Press, Cambridge, 2014.

[18] J. Buchmann, U. Vollmer, *Binary quadratic forms. An algorith-*

mic approach. Algorithms and Computation in Mathematics, 20. Springer, Berlin, 2007.

[19] H. Cohen, *A course in computational algebraic number theory*, Springer-Verlag, Berlin, 1993.

[20] R. L. Graham, D. E. Knuth, O. Patashnik, *Concrete Mathematics*, Second edition. Addison-Wesley, Reading, MA, 1994.

[21] O. Perron, *Die Lehre von den Kettenbrüchen. Bd I. Elementare Kettenbrüche.* 3te Aufl. B. G. Teubner Verlagsgesellschaft, Stuttgart, 1954.

[22] A. J. van der Poorten, An introduction to continued fractions. In *Diophantine analysis (Kensington, 1985)*, 99–138, London Math. Soc. Lecture Note Ser., 109, Cambridge Univ. Press, Cambridge, 1986.

[23] G. N. Raney, On continued fractions and finite automata. Math. Ann., 206 (1973), 265–283.

[24] K. H. Rosen, *Elementary number theory and its applications*, Fourth edition. Addison-Wesley, Reading, MA, 2000.

問の略解

1.1

(i) 反射律から $a \in C(a)$.

(ii) $C(a) = C(b) \Longrightarrow a \in C(b) \Longrightarrow a \sim b$. 逆に $a \sim b \Longrightarrow a \in C(b)$. 推移律から $C(a) \subset C(b)$. また対称律から $b \sim a$ だから, 同様にして $C(b) \subset C(a)$ がえられる.

(iii) $\Longleftarrow$ は明らかだから逆だけをいう. $c \in C(a) \cap C(b)$ とすると, $c \sim a$ かつ $c \sim b$. 対称律と推移律から $a \sim b$. (ii) を使って $C(a) = C(b)$.

(iv) 以上から直ちにえられる.

2.1 $1333 = 1147 \cdot 1 + 186, \quad 1147 = 186 \cdot 6 + 31, \quad 186 = 31 \cdot 6 + 0$ から $\gcd(1333, 1147) = 31$. 実際にわり算すると

$$\frac{1147}{1333} = \frac{31 \cdot 37}{31 \cdot 43} = \frac{37}{43}.$$

2.2

$$\begin{bmatrix} 1 & 0 & 1247 \\ 0 & 1 & 2117 \end{bmatrix} \rightarrow \begin{bmatrix} 1 & 0 & 1247 \\ -1 & 1 & 870 \end{bmatrix} \rightarrow \begin{bmatrix} 2 & -1 & 377 \\ -1 & 1 & 870 \end{bmatrix}$$

$$\rightarrow \begin{bmatrix} 2 & -1 & 377 \\ -5 & 3 & 116 \end{bmatrix} \rightarrow \begin{bmatrix} 17 & -10 & 29 \\ -5 & 3 & 116 \end{bmatrix} \rightarrow \begin{bmatrix} 17 & -10 & 29 \\ -73 & 43 & 0 \end{bmatrix}$$

よって $(1247, 2117) = 29$. 行列の第 1 行目から $(s_0, t_0) = (17, -10)$. 他のすべての解は $z \in \mathbb{Z}$ を使って $(s, t) = (17 + 73z, -10 - 43z)$ と表される.

3.1 $[1; 2, 5, 1, 2]$

3.2 (i) $\dfrac{6}{47}$ (ii) $\dfrac{5}{13}$

3.3

$$\frac{p_0}{q_0} = \frac{1}{1}, \quad \frac{p_1}{q_1} = \frac{2}{1}, \quad \frac{p_2}{q_2} = \frac{3}{2}, \quad \frac{p_3}{q_3} = \frac{17}{11}.$$

3.4 p_n に関する式を n に関する帰納法で示す. $n = 1$ のとき,

$$p_1 = a_0 a_1 + 1 = \begin{vmatrix} a_0 & 1 \\ -1 & a_1 \end{vmatrix} = f(a_0, a_1)$$

により成立する. $n-1$ まで成立すると仮定する. $f(x_1, \ldots, x_{n+1})$
を定義する行列式を第 $n+1$ 行に関して余因子展開すると,

$$f(x_1, \ldots, x_{n+1}) = -(-1)^{(n+1)+n} f(x_1, \ldots, x_{n-1}) + (-1)^{(n+1)+(n+1)} x_{n+1} f(x_1, \ldots, x_n).$$

したがって,

$$f(a_0, \ldots, a_n) = f(a_0, \ldots, a_{n-2}) + a_n f(a_0, \ldots, a_{n-1}).$$

帰納法の仮定より, この右辺は $p_{n-2} + a_n p_{n-1} = p_n$ だから n のと
きも成立する. q_n についても同様.

4.1 $\sqrt{6} = [2; 2, 4, 2, 4, \ldots] = [2; \overline{2, 4}]$.

$$\frac{p_0}{q_0} = 2, \quad \frac{p_1}{q_1} = \frac{5}{2}, \quad \frac{p_2}{q_2} = \frac{22}{9}, \quad \frac{p_3}{q_3} = \frac{49}{20}.$$

$\sqrt{7} = [2; 1, 1, 1, 4, 1, 1, 1, 4, \ldots] = [2; \overline{1, 1, 1, 4}]$.

$$\frac{p_0}{q_0} = 2, \quad \frac{p_1}{q_1} = 3, \quad \frac{p_2}{q_2} = \frac{5}{2}, \quad \frac{p_3}{q_3} = \frac{8}{3}.$$

4.2 $\pi = [3, 7, 15, 1, 292, 1, 1, 1, 2, \ldots]$

$$\frac{p_0}{q_0} = 3, \quad \frac{p_1}{q_1} = \frac{22}{7}, \quad \frac{p_2}{q_2} = \frac{333}{106}, \quad \frac{p_3}{q_3} = \frac{355}{113}.$$

$e = [2, 1, 2, 1, 1, 4, 1, 1, 6, \ldots]$

$$\frac{p_0}{q_0} = 2, \quad \frac{p_1}{q_1} = 3, \quad \frac{p_2}{q_2} = \frac{8}{3}, \quad \frac{p_3}{q_3} = \frac{11}{4}.$$

5.1 $A = \begin{bmatrix} a & b \\ c & d \end{bmatrix}$, $B = \begin{bmatrix} a' & b' \\ c' & d' \end{bmatrix}$ とする.

$$AB\alpha = \begin{bmatrix} aa' + bc' & ab' + bd' \\ ca' + dc' & cb' + dd' \end{bmatrix} \alpha = \frac{(aa' + bc')\alpha + (ab' + bd')}{(ca' + dc')\alpha + (cb' + dd')}.$$

一方，

$$A(B\alpha) = A\frac{a'\alpha + b'}{c'\alpha + d'} = \frac{a\left(\frac{a'\alpha + b'}{c'\alpha + d'}\right) + b}{c\left(\frac{a'\alpha + b'}{c'\alpha + d'}\right) + d}$$

$$= \frac{a(a'\alpha + b') + b(c'\alpha + d')}{c(a'\alpha + b') + d(c'\alpha + d')} = \frac{(aa' + bc')\alpha + (ab' + bd')}{(ca' + dc')\alpha + (cb' + dd')}$$

であるから両辺は等しい.

5.2 (i) $[3; \overline{3,6}]$　　(ii) $[7; 3, \overline{3,6}]$　　(iii) $[5; 7, 3, \overline{3,6}]$　　(iv) $[\overline{3,6}]$

5.3 $\alpha = [\overline{2,1,2}]$ とおくと, $\alpha_1 = \begin{bmatrix} 3 & 1 \\ 1 & 0 \end{bmatrix}\alpha$, $\alpha_2 = \begin{bmatrix} 1 & 1 \\ 1 & 0 \end{bmatrix}\begin{bmatrix} 4 & 1 \\ 1 & 0 \end{bmatrix}\alpha$.

$$\alpha_1 = \begin{bmatrix} 3 & 1 \\ 1 & 0 \end{bmatrix}\begin{bmatrix} 4 & 1 \\ 1 & 0 \end{bmatrix}^{-1}\begin{bmatrix} 1 & 1 \\ 1 & 0 \end{bmatrix}^{-1}\alpha_2 = \begin{bmatrix} -1 & 2 \\ 1 & -1 \end{bmatrix}\alpha_2.$$

ちなみに α_1 は $3x^2 - 11x + 3$, α_2 は $17x^2 - 51x + 37$ の根.

6.1 $\sqrt{D} = s/t$ と既約分数で表す. $t^2 D = s^2$ が成り立つ. D は平方数でないので D の素因数 p で $p^{2k+1} \mid D$ かつ $p^{2k+2} \nmid D$ (k は 0 以上の整数) となるものがある. このとき $p^{2k+1} \mid s^2$ となるが, s^2 には素因子は偶数乗で現れるから, $p^{2k+2} \mid s^2$ でなくてはならない. このとき $p^{2k+2} \mid t^2 D$ だが, $p^{2k+2} \nmid D$ より $p \mid t^2$ でなければならない. このとき $p \mid t$. これは $(s,t) = 1$ に反する.

　よって $\sqrt{D}$ は無理数であり, $x^2 - D$ の根であるから 2 次無理数である.

6.2 例えば

$$\alpha\beta = (a_1 + b_1\sqrt{D})(a_2 + b_2\sqrt{D}) = (a_1 a_2 + b_1 b_2 D) + (a_1 b_2 + b_1 a_2)\sqrt{D} \in \mathbb{Q}(\sqrt{D}).$$

6.3 $\alpha = a_1 + b_1\sqrt{D}$, $\beta = a_2 + b_2\sqrt{D}$ とすると, 例えば

$$(\alpha + \beta)' = ((a_1 + a_2) + (b_1 + b_2)\sqrt{D})' = (a_1 + a_2) - (b_1 + b_2)\sqrt{D}$$
$$= (a_1 - b_1\sqrt{D}) + (a_2 - b_2\sqrt{D}) = \alpha' + \beta'.$$

6.4 解と係数の関係より,

$$a^2\begin{vmatrix} 1 & \alpha \\ 1 & \alpha' \end{vmatrix}^2 = a^2(\alpha' - \alpha)^2 = a^2((\alpha' + \alpha)^2 - 4\alpha\alpha') = a^2\left(\left(-\frac{b}{a}\right)^2 - 4\left(\frac{c}{a}\right)\right) = b^2 - 4ac.$$

6.5 $(a,b,c) = (1, -5, -3), (3, -5, -1), (3, -1, -3).$

$$\frac{5+\sqrt{37}}{2}, \quad \frac{5+\sqrt{37}}{6}, \quad \frac{1+\sqrt{37}}{6}.$$

6.6

$$\frac{5+\sqrt{37}}{2} = [\overline{5,1,1}], \quad \frac{5+\sqrt{37}}{6} = [\overline{1,1,5}] = [1;1,\overline{5,1,1}], \quad \frac{1+\sqrt{37}}{6} = [\overline{1,5,1}] = [1;\overline{5,1,1}].$$

$$\frac{11+\sqrt{37}}{6} = [2;\overline{1,5,1}], \quad \frac{13-\sqrt{37}}{2} = [3;2,\overline{5,1,1}], \quad \frac{25+\sqrt{37}}{42} = [0;2,4,\overline{1,1,5}].$$

6.7

$$\text{(i)} \ \frac{5+\sqrt{13}}{6} \quad \text{(ii)} \ \frac{-1+\sqrt{15}}{2} \quad \text{(iii)} \ \alpha_3 = \frac{4+\sqrt{37}}{7}$$

$$\text{(iv)} \ \begin{bmatrix} 2 & 1 \\ 1 & 0 \end{bmatrix} \begin{bmatrix} 3 & 1 \\ 1 & 0 \end{bmatrix} \alpha_3 = \begin{bmatrix} 7 & 2 \\ 3 & 1 \end{bmatrix} \alpha_3 = \frac{3+\sqrt{37}}{4}$$

6.8 (i) $\dfrac{-a+\sqrt{a^2+4}}{2}$ (ii) $\dfrac{-ab+\sqrt{a^2b^2+4ab}}{2a}$

7.1 α が定理 7.4 の多項式の根であるとする。$A = \begin{bmatrix} \frac{x-by}{2} & -cy \\ ay & \frac{x+by}{2} \end{bmatrix}$, $B = \begin{bmatrix} \frac{x'-by'}{2} & -cy' \\ ay' & \frac{x'+by'}{2} \end{bmatrix} \in \mathrm{Stab}(\alpha)$ とする。

$$AB = \begin{bmatrix} \frac{x-by}{2}\frac{x'-by'}{2} - acyy' & -\frac{c}{2}((x-by)y' + (x'-by')y) \\ \frac{a}{2}(y(x'-by') + y'(x-by)) & -acyy' + \frac{x-by}{2}\frac{x'-by'}{2} \end{bmatrix}$$

となる。この式で $(x,y) \leftrightarrow (x',y')$ としても変わらないので $AB = BA$ が成り立つ。

7.2 β のみたす多項式 $a'X^2 + b'X + c'$ は命題 6.9 により求められる。このときに

$$\begin{bmatrix} s & t \\ u & v \end{bmatrix} \begin{bmatrix} (x-by)/2 & -cy \\ ay & (x+by)/2 \end{bmatrix} \begin{bmatrix} s & t \\ u & v \end{bmatrix}^{-1} = \begin{bmatrix} (x-b'y)/2 & -c'y \\ a'y & (x+b'y)/2 \end{bmatrix}$$

を計算によって確かめればよい。

7.3 $R_2(37) \ni \dfrac{5+\sqrt{37}}{2} = [\overline{5,1,1}]$.

$$\begin{bmatrix} p_2 & p_1 \\ q_2 & q_1 \end{bmatrix} = \begin{bmatrix} 5 & 1 \\ 1 & 0 \end{bmatrix} \begin{bmatrix} 1 & 1 \\ 1 & 0 \end{bmatrix} \begin{bmatrix} 1 & 1 \\ 1 & 0 \end{bmatrix} = \begin{bmatrix} 11 & 6 \\ 2 & 1 \end{bmatrix}.$$

よって
$$2\frac{5+\sqrt{37}}{2}+1=\frac{12+2\sqrt{37}}{2}$$
となるから $(x,y)=(12,2)$.

8.1 $N(\alpha\beta)=(\alpha\beta)(\alpha\beta)'=\alpha\beta\cdot\alpha'\beta'=N(\alpha)N(\beta)$. トレイスについても同様.

8.2 $\sqrt{19}=[4;\overline{2,1,3,1,2,8}]$. $\alpha=[\overline{2,1,3,1,2,8}]$ とおくと, $\alpha=\begin{bmatrix}326 & 39\\ 117 & 14\end{bmatrix}\alpha$. これから $\alpha=\frac{8+\sqrt{19}}{6}$. また基本単数は $\varepsilon=117\alpha+14=170+39\sqrt{19}$.

8.3

(i)
$$\begin{bmatrix} t\left(aty+\frac{1}{2}sx\right)+s\left(\frac{1}{2}tx-csy\right) & v\left(aty+\frac{1}{2}sx\right)+u\left(\frac{1}{2}tx-csy\right)\\ t\left(avy+\frac{1}{2}ux\right)+s\left(\frac{1}{2}vx-cuy\right) & v\left(avy+\frac{1}{2}ux\right)+u\left(\frac{1}{2}vx-cuy\right)\end{bmatrix}$$

(ii)
$$\begin{bmatrix} at^2y & atvy+\frac{1}{2}tu(x-by)\\ atvy+\frac{1}{2}tu(x-by) & \frac{bu^2(by-x)}{2a}+av^2y-u(bvy+cuy-vx)\end{bmatrix}$$

8.4
$$\sqrt{d^2-1}=[d-1;\overline{1,2d-2}]$$
$$\sqrt{d^2-2}=[d-1;\overline{1,d-2,1,2d-2}]$$

8.5 $\sqrt{41}=[6;\overline{2,2,12}]$, $[6,2,2]=32/5$ より $32^2-41\cdot5^2=-1$.

8.6 $\sqrt{173}=[13;\overline{6,1,1,6,26}]$ だから, $s=2$ で $A_3=2,B_3=13$ で $173=2^2+13^2$.

9.1 A,B が問題の集合に入っているとすると, $\det A=\det B=-1$. このとき $\det(AB)=1$ になって積について閉じていないので群ではない.

9.2 (i) $h(21)=1$, $h^+(21)=2$.　　(ii) $h(65)=2$, $h^+(65)=2$.

10.1 $\alpha=[\bar{s}]$ のみたす多項式は x^2-sx+1 だから, 命題 8.10 より α は単数である.

10.2 $\alpha = \overline{[s,t]}$ は $t\alpha^2 - st\alpha - s = 0$ をみたす. 定理 7.6 より
$\varepsilon = \dfrac{(st+2) + \sqrt{st(st+4)}}{2}$.

10.3 $\alpha = [t+1, \overline{1,t}] = \begin{bmatrix} t+1 & 1 \\ 1 & 0 \end{bmatrix} \overline{[1,t]} = t+1 + \frac{1}{\overline{[1,t]}}$. $\beta = \overline{[1,t]}$
は (10.1) から, $tx^2 - tx - 1$ の根だから, $1/\beta = t\beta - t$. $\therefore \alpha = 1 + t\beta$.
これから α のみたす多項式を計算すると $x^2 - (2+t)x + 1$.

10.4 a_0 が存在するための条件は $(a_1, a_2) \not\equiv (0,1) \pmod 2$ となる.
例えば a_1, a_2 がともに奇数とすると $d = 1, \delta = 0$ となる. さらに
$a_1 = 1, a_2 = 3$ とすると, $\ell \geq 2$ が $m > 0$ となる条件になり, いく
つか計算すると,

$$\sqrt{23} = [4; \overline{1,3,1,8}], \quad \sqrt{96} = [9; \overline{1,3,1,18}], \quad \sqrt{219} = [14; \overline{1,3,1,28}].$$

12.1 Stern-Brocot の木の図で $3/4 < 13/17 < 1/1$. あとは両端の
分数の中間数を左辺か右辺に挿入していく.

$$\frac{3}{4} < \frac{13}{17} < \frac{4}{5}, \quad \frac{3}{4} < \frac{13}{17} < \frac{7}{9}, \quad \frac{3}{4} < \frac{13}{17} < \frac{10}{13}.$$

これから
$$\frac{13}{17} = \frac{3+10}{4+13}.$$

12.2

$$\frac{9}{7} > 1 = f(I), \quad \frac{9}{7} < \frac{2}{1} = f(R), \quad \frac{9}{7} < \frac{3}{2} = f(RL),$$

$$\frac{9}{7} < \frac{4}{3} = f(RL^2), \quad \frac{9}{7} > f(RL^3) = \frac{5}{4}, \quad \frac{9}{7} = f(RL^3 R).$$

14.1

(i) $[\![4; 2, 4, \overline{2}]\!]$

(ii) $[\![3; \overline{2, 2, 2, 6}]\!]$

14.2

$$\widetilde{R}_2(28) = \left\{ \frac{5+\sqrt{7}}{6}, \frac{7+\sqrt{7}}{7}, \frac{3+\sqrt{7}}{2}, \frac{4+\sqrt{7}}{3}, \frac{7+\sqrt{7}}{6}, 3+\sqrt{7}, \frac{5+\sqrt{7}}{3} \right\}$$

14.3 $\dfrac{st + \sqrt{st(st-4)}}{2t}$

14.4

$$\frac{5+\sqrt{7}}{6} = [\![\overline{2,2,2,3,3}]\!], \qquad \frac{7+\sqrt{7}}{7} = [\![\overline{2,2,3,3,2}]\!],$$

$$\frac{3+\sqrt{7}}{2} = [\![\overline{3,6}]\!], \qquad \frac{4+\sqrt{7}}{3} = [\![\overline{3,2,2,2,3}]\!],$$

$$\frac{7+\sqrt{7}}{6} = [\![\overline{2,3,3,2,2}]\!], \qquad 3+\sqrt{7} = [\![\overline{6,3}]\!],$$

$$\frac{5+\sqrt{7}}{3} = [\![\overline{3,3,2,2,2}]\!],$$

したがって

$$\frac{5+\sqrt{7}}{6} \overset{+}{\sim} \frac{7+\sqrt{7}}{7} \overset{+}{\sim} \frac{4+\sqrt{7}}{3} \overset{+}{\sim} \frac{5+\sqrt{7}}{3}.$$

および

$$\frac{3+\sqrt{7}}{2} \overset{+}{\sim} 3+\sqrt{7}.$$

よって $h^+(28) = 2$.

15.1 左辺を定理 15.9 によって連分数展開すると，(15.1) の記号で，$a_i = c_1 \cdots c_{i-1}(c_i-1)$, $b_i = (c_1 \cdots c_{i-1})$ となる．数列 (u_i) を $u_i = (c_1 \cdots c_{i-1})^{-1}$ ととって同値変換すれば右辺の連分数がえられる．

16.1 系 16.17 において $b = 1/2$, $c = 3/2$ とおくと，命題 16.5 より

$$\arctan x = \left[0; \frac{\frac{1}{2}x}{\frac{1}{2}}, \frac{\frac{1}{4}x^2}{\frac{3}{2}}, \frac{x^2}{\frac{5}{2}}, \frac{\frac{9}{4}x^2}{\frac{7}{2}}, \frac{4x^2}{\frac{9}{2}}, \cdots \right].$$

命題 15.4 で $u_i = 2$ ととって同値変換すると，

$$\arctan x = \cfrac{x}{1 + \cfrac{x^2}{3 + \cfrac{4x^2}{5 + \cfrac{9x^2}{7 + \cfrac{16x^2}{9 + \ddots}}}}}$$

をえるので，$d_n = n^2$.

17.1

$$z = \frac{977+\sqrt{-23}}{4602} \xrightarrow{T} \frac{-977+\sqrt{-23}}{216} \xrightarrow{S^5} \frac{83+\sqrt{-23}}{216} \xrightarrow{T} \frac{-83+\sqrt{-23}}{32} \xrightarrow{S^3} \frac{13+\sqrt{-23}}{32}$$

$$\xrightarrow{T} \frac{-13 + \sqrt{-23}}{6} \xrightarrow{S^2} \frac{-1 + \sqrt{-23}}{6} \xrightarrow{T} \frac{1 + \sqrt{-23}}{4} \in \mathscr{F}.$$

17.2 (a, b, c) の候補は

$$(1, -2, 8), (2, -2, 4), (1, 0, 7), (1, 2, 8), (2, 2, 4).$$

このうち (17.4) をみたすのは

$$(1, 0, 7), (2, 2, 4)$$

のみ. また $(2, 2, 4)$ は $\gcd(a, b, c) = 1$ をみたさない. したがって

$$R_2(-28) = \left\{ \sqrt{7} \right\}, \quad h(-28) = 1.$$

A.1

(i) $AB = \begin{bmatrix} 0 & 2 \\ 3 & 0 \end{bmatrix}, \ BA = \begin{bmatrix} 0 & 3 \\ 2 & 0 \end{bmatrix}$

(ii) $AB = O, \ BA = \begin{bmatrix} 0 & 1 \\ 0 & 0 \end{bmatrix}$

A.2 $A = \begin{bmatrix} a & b \\ c & d \end{bmatrix}, \ B = \begin{bmatrix} a' & b' \\ c' & d' \end{bmatrix}$ とする.

$${}^t(AB) = \begin{bmatrix} aa' + bc' & ca' + dc' \\ ab' + bd' & cb' + dd' \end{bmatrix} = \begin{bmatrix} a' & c' \\ b' & d' \end{bmatrix} \begin{bmatrix} a & c \\ b & d \end{bmatrix} = ({}^tB)({}^tA).$$

A.3 A, B の成分を上の A.2 と同じとする.

$$\left| AB \right| = \begin{vmatrix} aa' + bc' & ab' + bd' \\ ca' + dc' & cb' + dd' \end{vmatrix} = (aa' + bc')(cb' + dd') - (ab' + bd')(ca' + dc')$$

$$= ad(a'd' - b'c') + bc(b'c' - a'd') = (ad - bc)(a'd' - b'c') = \left| A \right| \left| B \right|.$$

A.4 $A = \begin{bmatrix} a & b \\ c & d \end{bmatrix}$ とする.

(i) $\left| {}^tA \right| = \begin{vmatrix} a & c \\ b & d \end{vmatrix} = ad - bc = \left| A \right|.$

(ii) A.3 を $AA^{-1} = E$ に適用して, $\left| A \right| \left| A^{-1} \right| = 1$. ここで $\left| A \right| = \pm 1$ なので $\left| A \right| = \left| A^{-1} \right|.$

数学者名および生没年一覧

本文に登場する主な数学者を生年順にあげた．読みは概ね数学辞典（第4版）にのっているものを採用した．

Euclid	ユークリッド	330?B.C. –275?B.C.
Diophantus	ディオファントス	3世紀ごろ
Leonardo Fibonacci	フィボナッチ	1170?–1250?
Pierre de Fermat	フェルマ	1601–1665
Leonhard Euler	オイラー	1707–1783
Joseph Lois Lagrange	ラグランジュ	1736–1813
Adrien Marie Legendre	ルジャンドル	1752–1833
Carl Friedrich Gauss	ガウス	1777–1855
Joseph Liouville	リューヴィル	1809–1882
Èvariste Galois	ガロア	1811–1832
Charles Hermite	エルミート	1822–1901
Carl Louis Ferdinand von Lindemann	フォン・リンデマン	1852–1939
Axel Thue	トゥーエ	1863–1922
Srinivasa Aiyangar Ramanujan	ラマヌジャン	1887–1920
Klaus Roth	ロス	1925–2015
Don Zagier	ザギエ	1951–

記号索引

索 引

著者紹介

木田 雅成 （きだ まさなり）

1965 年　石川県生まれ
1984 年　石川県立小松高校卒業
1989 年　早稲田大学理工学部数学科卒業
1994 年　The Johns Hopkins University 博士課程修了 Ph. D.
1994 年　山形大学理学部助手
1995 年　電気通信大学講師
1999 年　電気通信大学電気通信学部助教授
2008 年　電気通信大学電気通信学部教授
2010 年　電気通信大学情報理工学研究科教授
2013 年　東京理科大学理学部第一部数学科教授（現在に至る）

主要著書
楕円曲線入門（共訳，丸善出版，1995 年）
数理・情報系のための整数論講義（サイエンス社，2007 年）
素数全書（共訳，朝倉書店，2010 年）
線形代数学講義［増訂版］（培風館，2023 年）

装丁　菊池 周二
編集　山根 加那子，伊藤 雅英

■本書に記載されている会社名・製品名等は、一般に各社の登録商標または商標です。本文中の ©、®、TM 等の表示は省略しています。

■本書を通じてお気づきの点がございましたら、reader@kindaikagaku.co.jp までご一報ください。

■落丁・乱丁本は、お手数ですが（株）近代科学社までお送りください。送料弊社負担にてお取替えいたします。ただし、古書店で購入されたものについてはお取替えできません。

大学数学 スポットライト・シリーズ ⑨

<ruby>連分数<rt>れんぶんすう</rt></ruby>

連分数

2022 年 1 月 31 日　　初版第 1 刷発行
2023 年 4 月 30 日　　初版第 2 刷発行

著　者　　木田 雅成
発行者　　大塚 浩昭
発行所　　株式会社近代科学社
　　　　　〒101-0051 東京都千代田区神田神保町 1 丁目 105 番地
　　　　　https://www.kindaikagaku.co.jp

・本書の複製権・翻訳権・譲渡権は株式会社近代科学社が保有します。
・ JCOPY ＜（社）出版者著作権管理機構 委託出版物＞
本書の無断複写は著作権法上での例外を除き禁じられています。複写される場合は，そのつど事前に
（社）出版者著作権管理機構(https://www.jcopy.or.jp, e-mail: info@jcopy.or.jp)の許諾を得てください。

© 2022　Masanari Kida
Printed in Japan
ISBN978-4-7649-0643-3
印刷・製本　　藤原印刷株式会社